从新手到高手

Photoshop+AE
UI动效设计从新手到高手

高昌苗 / 著

U0197875

清华大学出版社
北京

内容简介

本书是一本以动画制作理论、软件使用基础和 UI 实战案例相结合，介绍如何使用 Photoshop 和 After Effects 软件制作 UI 动效的实操案例图书。全书共分 9 章内容：第 1～5 章介绍了使用 Photoshop 制作手机图标、按钮、界面等多类 UI 实战案例；第 6～9 章介绍了使用 After Effects 软件实现 UI 动效的技术。本书案例精选自作者参与的商业案例，内容极具实用性，另外随书附赠了书中案例的素材、源文件、高清视频教程和 PPT 课件。

本书适合零基础 UI 设计人员学习，即使之前并未接触过 Photoshop 和 After Effects 软件，通过本书的学习也可以轻松地掌握这两款软件的基本操作，实现酷炫的 UI 动效制作。

图书在版编目（CIP）数据

Photoshop+AE UI动效设计从新手到高手 / 高昌苗著.—北京：清华大学出版社，2023.6
（从新手到高手）
ISBN 978-7-302-63226-9

Ⅰ.①P… Ⅱ.①高… Ⅲ.①人机界面—程序设计 Ⅳ.①TP311.1

中国国家版本馆CIP数据核字（2023）第057377号

责任编辑：张　敏
封面设计：郭二鹏
责任校对：胡伟民
责任印制：曹婉颖

出版发行：清华大学出版社
网　　　址：http://www.tup.com.cn，http://www.wqbook.com
地　　　址：北京清华大学学研大厦A座　　　邮　　编：100084
社　总　机：010-83470000　　　　　　　　邮　　购：010-62786544
投稿与读者服务：010-62776969，c-service@tup.tsinghua.edu.cn
质　量　反　馈：010-62772015，zhiliang@tup.tsinghua.edu.cn
课　件　下　载：http://www.tup.com.cn，010-83470236
印　装　者：北京博海升彩色印刷有限公司
经　　销：全国新华书店
开　　本：170mm×240mm　　印　　张：13.5　　字　　数：355千字
版　　次：2023年8月第1版　　　印　　次：2023年8月第1次印刷
定　　价：99.00元

产品编号：099699-01

前言

UI 动效通常指的是动态界面设计，用视频设计、多媒体 CG 设计、电视包装的方式将 UI 进行动画表现。UI 动效其实是一种动态图形，融合了平面设计、动画设计和电影语言，它的表现形式丰富多样，具有极强的包容性，总能和各种表现形式以及艺术风格混搭。动态图形的应用领域主要集中于节目频道包装、电影电视片头、商业广告、现场舞台屏幕、互动装置等。

传统的平面设计主要是针对平面媒介的静态视觉表现，而动态图形则是在平面设计的基础之上制作一段以动态影像为基础的视觉符号。动态图形和动画片的不同之处就好像平面设计与漫画书，虽然同样是在平面媒介上来表现，但是一个是设计视觉的表现形式，而另一个则是叙事性地运用图像来为内容服务。

▍本书介绍

本书是一本 UI 动效制作的实操案例图书。全书以理论、软件基础和案例相结合，涉及 9 章内容，涵盖了 UI 动效的基础知识、制作 UI 动效常用的两款软件（Photoshop 和 After Effects）以及 UI 动效的多个商业实战应用项目，内容极具实用性。

▍赠送资源

本书通过扫码下载资源的方式为读者提供增值服务，这些资源包括全书所有案例的源文件、素材、高清视频教程和 PPT 课件，方便读者循序渐进地进行练习，并在学习过程中随时调用素材。

本书资源

▍本书特色

本书内容丰富、结构清晰、技术参考性强，讲解由浅入深且循序渐进，知识涵盖面广又不失细节，非常适合喜爱影视特效及动画制作的初、中级读者作为学习参考书，也可以作为后期特效处理人员、影视动画制作者的辅助工具手册，还可以供教育行业及培训机构相关专业作为动画特效制作培训教程使用。

本书由高昌苗著，由于时间仓促且作者水平有限，书中疏漏在所难免，欢迎广大读者批评指教。

作 者

目录

第 1 章

UI 动效设计概念

　　本章将介绍 UI 动效在产品设计中的重要性，认识 UI 动效的基本理论及运动规律，认识制作 UI 动效的基本平面软件和动画制作软件，最后将制作一个简单的 UI 动效。

1.1　什么是 UI 设计

　　UI 可以直译为用户界面。UI 设计不仅仅是指界面美化设计，从字面意思上能够看出 UI 与"用户和界面"还有直接的交互关系，所以 UI 设计不仅仅是为了美化界面，还需要研究用户，让界面变得更简洁、易用、舒适。

　　用户界面无处不在。用户界面可以是软件界面，也可以是登录界面，不论是在手机还是在计算机上都有它的存在，如图 1.1 所示。

图 1.1

■ 1.2 UI 设计的重要性

UI 设计包括美化和交互两个方面。为了使读者直观地了解 UI 设计的重要性，这里将用 UI 设计前和 UI 设计后的对比图来做对比分析，如图 1.2 和图 1.3 所示。

从图 1.2 中可以看出，UI 设计前的界面有以下特点：

（1）界面过于简单。

（2）"登录"和"注册"按钮没有体现出按钮的立体感，让人看起来像是单纯的文字，而不会去单击。

（3）在没有其他说明的情况下，人们无法知道登录界面属于哪种软件。

从图 1.3 中可以看到，UI 设计后的界面有以下特点：

（1）界面内容丰富，具有时尚感和立体感。

（2）"登录"和"注册"按钮具有立体感，使人明确知道通过单击它们就可以进入"登录"或"注册"的界面中。

（3）从界面上的微信图标就可以知道这是微信的登录界面。

从对比图中可以看到未做 UI 设计的界面是非常简陋的，因此对于智能手机 App 来说，UI 设计是非常值得人们重视的。

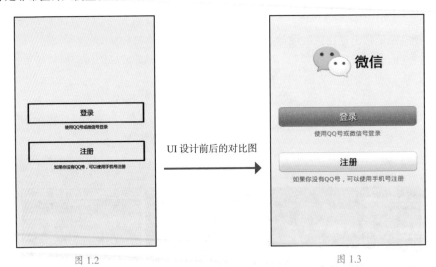

图 1.2   UI 设计前后的对比图   图 1.3

■ 1.3 平面 UI 与手机 UI 的不同

手机 UI 的范围基本被锁定在手机的 App 客户端上，而平面 UI 的范围非常广。手机 UI 独特的尺寸要求、空间和组件类型使得很多平面 UI 设计者对手机 UI 的设计了解得不到位。

通过图 1.4、图 1.5 和图 1.6 的比较可以直观地了解到手机 UI 与一般网页 UI 的区别，在同样功能的页面上，除了尺寸不同以外，内容也是相差很远的。

图 1.4　　　　　　　　　　　　图 1.5　　　　　　图 1.6

1.4　动态图形与 UI 动效

动态图形的英文全称为 Motion Graphics，简称 MG。UI 动效指的是产品界面的动态效果。本节将介绍动态图形与 UI 动效的基本概念。

1.4.1　什么是动态图形

动态图形常出现在视频设计、多媒体 CG 设计、电视包装等中。动态图形指的是"随时间流动而改变形态的图形"。动态图形可以简单地理解为会动的图形设计，它是影像艺术的一种。图 1.7 所示为动态图形效果。

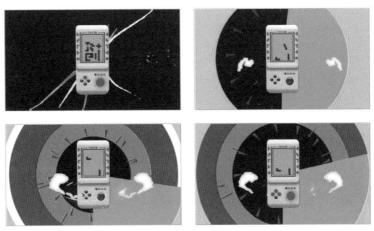

图 1.7

动态图形融合了平面设计、动画设计和电影语言，它的表现形式丰富多样，具有极强的包容性，总能和各种表现形式以及艺术风格混搭。动态图形的应用领域主要集中于企业宣传片、节目频道包装、电影 / 电视片头、商业广告、MV、现场舞台屏幕、互动装置等。图 1.8 所示为动态图形的商业应用。

图 1.8

▌ 1.4.2　动态图形的历史

从广义上讲，动态图形是一种融合了电影与图形设计的语言，是基于时间流动而设计的视觉表现形式。动态图形有点像平面设计和动画片之间的一种产物，动态图形在视觉表现上使用的是基于平面设计的规则，在技术上使用的是动画制作手段。

传统的平面设计主要是针对平面媒介的静态视觉表现；而动态图形则是站在平面设计的基础之上制作一段以动态影像为基础的视觉符号。动态图形和动画片的不同之处就好像平面设计和漫画书，即使同样是在平面媒介上来表现，但一个是设计视觉的表现形式，另一个是叙事性地运用图像来为内容服务。图 1.9 所示为传统的动态图形设计。

图 1.9

随着动态图形艺术的风靡，美国三大有线电视网络——ABC、CBS 和 NBC 率先开始在节目上应用动态图形，不过在当时动态图形只是作为企业标识出现，而不是创意与灵感的表达。20 世纪 80 年代，随着彩色电视不断更新换代和有线电视技术的兴起，越来越多的小型电视频道开始出现，为了区别于三大有线电视网络的固有形象，后来出现的电视频道纷纷开始使用动态图形作为树立形象的宣传手段。

此后，随着电子游戏、录像带以及各种电子媒体的不断发展和普及，人们所产生的需求也为动态图形设计师创造了更多的就业机会，能够在当时技术的制约下创作动态图形的设计师被大量需要。20 世纪 90 年代之后，动态图形开始广泛应用在电影中，动画师将印刷设计中的手法应用在动态图形的设计当中，从而把传统设计与新的数字技术结合在一起。动态图形大多运用在电影、电视剧的片头中，其中以 007 电影《皇家堵场》的片头最具代表性，如图 1.10 所示。

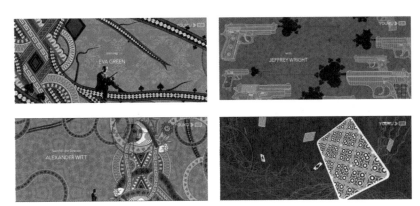

图 1.10

随着科学技术的进步，动态图形的发展日新月异。20 世纪 90 年代初，大部分设计师只能在价格高昂的专业工作站开展工作。

随着计算机技术的进步和众多软件开发厂商在计算机系统平台上的软件开发，很多的 CG 工作任务从模拟工作站转向了数字计算机，在这期间出现了越来越多的独立设计师，快速地推动了 CG 技术的进步。随着数码影像技术的革命性发展，动态图形被推向了一个更高点。

如今，动态图形已经在播放媒体上随处可见。

1.4.3　动态图形的原理

动态图形的原理就是在 Photoshop 或 Illustrator 等平面软件中设计出造型并分层，然后在 After Effects 或 Premiere 等动画软件中将这些分层图进行动态制作，用关键帧使分层图运动起来。其根本效果在于动画故事脚本的设计。图 1.11 所示为动画形象设计到动画脚本再到动态图形制作的全流程。

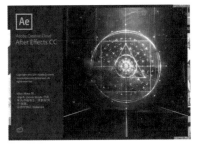

图 1.11

在 After Effects（本书简称 AE）中制作动画就相当于一个导演在指挥图层的动画形象做运动，在不同的时间进行不同的动态，例如放大、缩小、旋转、移动等。图 1.12 所示为 AE 的时间线编辑器，在这个编辑器中进行动画关键帧的安排。

图 1.12

1.4.4 什么是 UI 动效

图 1.13

随着硬件设备性能的提升和软件技术的进步，动态的 UI 界面已经可以轻松实现。如果在交互页面中只有单纯的语言或者图片，那么会让用户感觉比较枯燥。如果这个时候选择添加动效，能立刻拉近与用户的距离；如果再添加些趣味性在里面，那么用户对产品的黏性就会更高。图 1.13 所示为 UI 动效。

通过在 UI 设计中使用 UI 动效，能够更好地去传递品牌理念与表达品牌特色，用这种讨喜的方式去展示、去宣传，不失为一种好的选择。图 1.14 所示为一组优秀的手机 UI 动效。

图 1.14

动态效果会和用户的实际操作更加贴近，可以更加清晰地展示产品的功能、界面、交互操作等细节，能够让用户更加清楚产品功能的实现流程，让用户更直观地了解一款产品的核心特征、用途、使用方法等细节。

1.5 制作 UI 动效的软件

制作 UI 动态图形的应用软件非常多，常用的平面软件有 Photoshop、Illustrator，常用的动画软件有 AE、Premiere，常用的三维软件有 C4D、3ds Max 等，通过合理搭配可以制作出符合要求的效果。

▌1.5.1　Photoshop 软件

Photoshop 是功能非常强大的位图软件，其应用领域很广泛，涉及图像、图形、文字、视频、摄影、出版等领域，多用于平面设计、艺术文字、广告摄影、网页制作、照片的后期处理、图像的合成、图像的绘制等。Photoshop 的专长在于图像的处理，而不是图形的创作，大家在了解 Photoshop 的基础知识的同时有必要区分这两个概念。

1. 平面设计

平面设计是 Photoshop 应用最为广泛的领域，无论是一本杂志的封面，还是商场里的招贴画、海报，都是具有丰富图像的平面印刷品，都需要用 Photoshop 软件对图像进行处理，如图 1.15 所示。

图 1.15

2. 照片处理

Photoshop 具有强大的图像修饰功能，利用这些功能可以快速修复一张破损的老照片，还可以修复人脸上的斑点等缺陷，如图 1.16 所示。

原图　　　　　　　　　　　　　　修复之后

图 1.16

3. 插画作品

插画是现在比较流行的一种绘画风格，在现实中添加了虚拟的意象，能让人感受到一种完美的质感，更是为单纯的手绘画添加了几分生气与艺术感。插画也是大家所喜爱的一种绘画效果，如图 1.17 所示。

图 1.17

4. UI 设计

网络和游戏的普及促使更多人需要掌握 Photoshop，因为在制作 UI 时 Photoshop 是必不可少的图像处理软件，如图 1.18 所示。

图 1.18

▌ 1.5.2　After Effects 软件

After Effects 简称 AE，是 Adobe 公司开发的一个视频剪辑与设计软件，是制作动态影像不可或缺的辅助工具，是进行视频后期合成处理的专业非线性编辑软件，如图 1.19 所示。AE 的应用范围广泛，涵盖影片、电影、广告、多媒体以及网页等，现在流行的计算机游戏很多都是使用它合成制作的。

1. 视频制作平台

After Effects 提供了一套完整的工具，能够高效地制作电影、录像、多媒体以及网页上使用的运动图片和视觉效果。和 Premiere 等基于时间轴的程序不同，AE 提供了一条基于帧的视频设计途径。AE 还是第一个实现高质量子像素定位的程序，通过它能够实现高

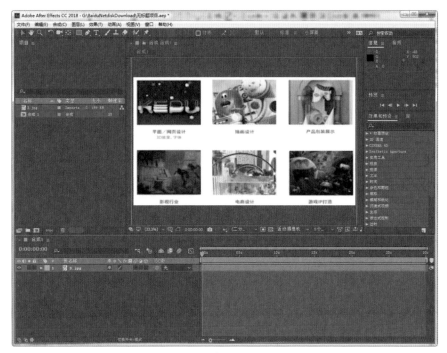

图 1.19

度平滑的运动。AE 为多媒体制作者提供了许多有价值的功能，包括出色的蓝屏融合功能、特殊效果的创造功能和 Cinpak 压缩等。

　　AE 支持无限多个图层，能够直接导入 Illustrator 和 Photoshop 文件。AE 也有多种插件，其中包括 MetaTool Final Effect，它能提供虚拟移动图像以及多种类型的粒子系统，用它还能创造出独特的迷幻效果。

2. 影视媒体表现形式

　　现在影视媒体已经成为当前最大众化、最具有影响力的媒体表现形式，从好莱坞创造的幻想世界到电视新闻所关注的现实生活，再到铺天盖地的广告，无一不影响人们的生活。

　　过去，制作影视节目是专业人员的工作，对大众来说似乎蒙着一层神秘的面纱；十几年来，数字合成技术全面进入影视制作过程，计算机逐步取代了原有的影视设备，并在影视制作的各个环节中发挥了巨大的作用。但是，影视制作所使用的一直是价格极为昂贵的专业硬件设备，非专业人员很难见到这些设备，更不用说用它来制作自己的作品了。

　　现在，随着计算机性能的显著提高，价格的不断降低，影视制作从以前的专业硬件设备逐渐向计算机平台转移，原来"身份"极高的专业软件也逐步移植到计算机平台上来，价格日益平民化，同时影视制作的应用扩大到计算机游戏、多媒体、网络等更为广阔的领域，许多这些行业的从业人员或业余爱好者都可以利用手中的计算机制作自己喜欢的作品了。

3. 合成技术

合成技术指将多种源素材混合成单一复合画面的技术。早期的影视合成技术主要是

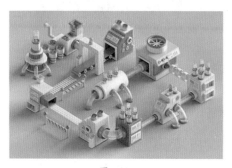

图 1.20

在胶片、磁带的拍摄过程以及胶片的洗印过程中实现的，技术虽然落后，但是效果不错。例如，"抠像""叠画"等合成的方法和手段都在早期的影视制作中得到了较为广泛的应用。与传统合成技术相比，数字合成技术利用先进的计算机图像学的原理和方法将多种源素材采集到计算机里面，并用计算机混合成单一复合图像，然后输入磁带或胶片上。图 1.20 所示为 AE 与 C4D 结合使用的案例。

■ 1.6　UI 动效在产品设计中的重要性

动画效果是 UI 设计必不可少的部分，简称 UI 动效，这也是每位 UI 设计师必须具备的设计技能。下面简单介绍 UI 动效在一款 App 软件产品中的作用以及重要性。

■ 1.6.1　UI 动效善于展示软件的特色

随着支持 UI 动效的移动设备越来越多，UI 动效的优势不仅仅是靠新奇来吸引用户的好奇心了。UI 动效可以在传统静态 UI 设计的层面上更清晰地展示 App 界面，提升界面的易操作性，让用户更真实、全面地了解一款 App 的核心价值和用途。图 1.21 所示为一款软件的 UI 动效。

图 1.21

■ 1.6.2　UI 动效利于软件的推广

自从 UI 动效出现之后，各大品牌 Logo 都开始倾向于选择 UI 动效来建立自己品牌的独特效果，其中优酷和谷歌的 Logo 就是比较鲜明的 UI 动效。品牌可以通过动画把品牌的理念、特色更清晰地传达给用户。图 1.22 所示为优酷和谷歌的 Logo 动效设计。

图 1.22

▌1.6.3　UI 动效降低使用成本

UI 动效可以做到最大程度地吸引、引导和取悦用户，增加用户在 App 界面上体验时的耐心和兴趣，降低心理成本。同时每一个 App 都有自己独特的 UI 动效设计，可以很轻易地区分。图 1.23 所示为几个 UI 动效案例。

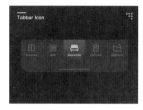

随着时代的进步，如今已经不能只靠语言和文字来表达设计的想法了，甚至静态的设计图也无法让用户完全了解设计师的想法，所以需要时刻考虑客户的兴趣点和痛点，有时候只需加上一个动效就能立即拉近设计师与用户的距离。图 1.24 所示为不同公司的 UI 动效经典案例。

图 1.23

图 1.24

■ 1.7 UI 动效的运动规律

在任何界面设计中，动画的存在不一定是最佳选择，如果需要引入动画效果，前提是不要影响人对于动态的正常认知。UI 动效有一些约定俗成的规定，下面就来认识一下这些规定。

■ 1.7.1 UI 动效概念

UI 动效的运动规律对于 UI 动效设计来说非常重要，大家要善于运用动画的加速度、滑动、抖动、运动模糊、转场切换和摩擦力等动力学特征，当这些自然界中真实存在的运动特征加载到 UI 动效中时，用户会被深深地吸引，并对这款产品的设计产生好感。

对于 UI 设计人员来说，需要掌握和熟知一些正确的 UI 动效运动规律，这对于交付 UI 设计来说是事半功倍的大事，绝不能掉以轻心。下面通过对比 UI 动效的优劣来介绍常用的 UI 动效，并以此为规范制作后面的案例。

■ 1.7.2 动效的持续时长和速度

动效的速度是设计师首先要注意的事项之一，当元素的位置和状态发生改变的时候一定要让用户感受到 UI 动效的变化，但此时要控制好动画进程，不能让缓慢的动画效果影响了用户的体验（就像影片前面的字幕一样，如果非常冗长就会挑战观众的耐心）。

动效的最佳持续时长是 200～400 毫秒，这个区间是基于人脑的认知方式和信息消化速度得出的。任何低于 100 毫秒的动效对于人的眼睛而言几乎都是瞬间，很难被识别出来，而超过 500 毫秒的动效会让人感觉有迟滞感，如图 1.25 所示。

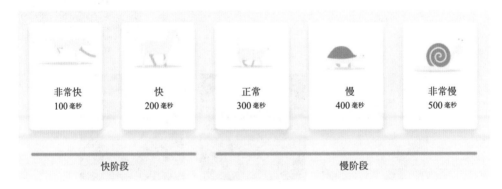

图 1.25

在手机这样的移动端设备上，动效时长建议控制在 200～300 毫秒；在平板式计算机上，动效时长应该在 400～450 毫秒。

原因很简单，在可穿戴设备的小屏幕上（例如运动手表），屏幕尺寸越小，元素在发生位移的时候跨的距离越短，在速度一定的情况下，时长自然越短；相反，在大屏幕的设备上（例如 iPad），这个时长应该适当延长，如图 1.26 所示。

正常速度再延长　　　　正常速度延长　　　正常速度

图 1.26

网页动效的处理方式也不一样，由于人们习
惯在浏览器中直接打开网页，考虑到浏览器的性
能和大家的使用习惯，用户对于浏览器中动效变
化速率的预期仍然相对较快。相比于移动端的动
效速度，网页中的速度会快上一倍，如图 1.27 所示。

1.7.3　动效的缓动

图 1.27

缓动是动画制作中的术语，指的是物体在物理规则下渐进加速或减速的现象。在动
效中加入缓动的效果能够让运动显得更加自然，这是运动的基本原则之一。为了不让动
效看起来机械或者人工痕迹太明显，元素的运动应该有渐进加速和渐进减速的特征，就
像现实世界中物体的运动一样。

1. 加速运动

当元素加速飞出屏幕的时候，可以使用这种加速动画，例如界面中被用户使用滑动
手势甩出去的图片。只有当运动对象需要完全离开界面的时候才会这么使用，如果它还
需要再回来，则需要用减速，例如关闭程序或删除条目的动效，如图 1.28 所示。

图 1.28

2. 减速运动

当元素从屏幕外运动到屏幕内的时候，动效应该遵循这类曲线的运动特征。从全速进入屏幕开始，速度降低，直到完全停止。例如移动某程序到另一个区域时要用减速动效。图 1.29 所示为速度曲线示意图和苹果产品打开软件的缓动效果。

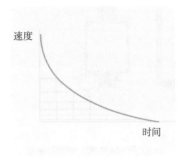

图 1.29

图 1.30

减速动效适用于多种不同的 UI 控件和元素，包括从屏幕外进入屏幕内的卡片、条目等，如图 1.30 所示。

3. 缓动标准曲线

在这种曲线下，物体从静止开始加速，到达速度最高点后开始减速，直到静止。这种类型的元素在 UI 界面中最为常见，当用户不知道在动效中使用哪种运动方式的时候可以试一试标准曲线。钟摆就属于慢慢加速到峰值再减速的运动形式，如图 1.31 所示。

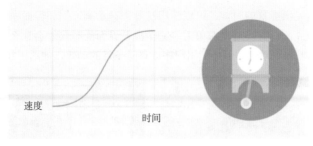

图 1.31

▌1.7.4 界面动效的编排

为界面编排动效能够起到吸引用户的目的，当打开一屏 App 或一屏菜单时需要考虑如何展示它们。界面动效的编排有两种方式，一种是均等交互，另一种是从属交互。

1. 均等交互

均等交互意味着所有的元素都遵循一个方向来引导用户的注意力。在如图 1.32 所示的例子中，卡片自上而下依次加载。相反，如果没有按照这样清晰的规则来加载，用户的注意力会被分散，元素的排布也会显得比较糟糕。

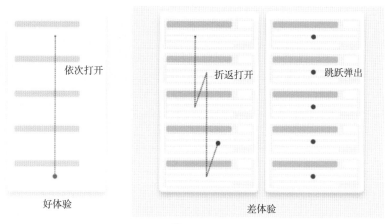

图 1.32

如果是整屏的表格，打开方式要统一，不要逐个显示或以锯齿状的方式展开，否则一方面耗时太长，另一方面会让人觉得内容有从属关系，所以这种方式并不合理，如图 1.33 所示。

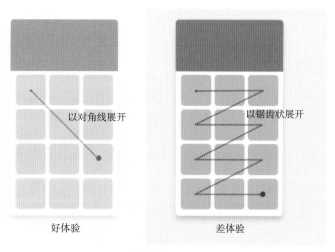

图 1.33

2. 从属交互

从属交互指的是使用一个主体作为主要表现对象，就像影视剧中的主角，而其他的元素从属于该对象逐步呈现。这样的动画设计能够产生更强的秩序感，让主要的内容更能体现父子从属关系，让用户更容易理解层级，如图 1.34 所示。

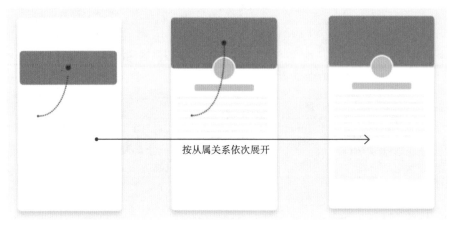

图 1.34

3. 其他运动规则

根据视觉体验，当元素不成比例地变化尺寸的时候，它应该沿着弧线运动，而不是沿着直线运动，这样能够让它看起来更加自然。所谓不成比例地变化指的是元素的长和宽并不是按照相同的比例来变化。相反，如果元素是按照相同比例改变大小时，应该沿着直线运动，这样不仅操作更加方便，而且更符合均匀变化的特征。

如果几个不同元素的运动轨迹相交，那么它们不能彼此穿越。如果每个元素都必须通过某个交点，抵达另外一个位置，那么应该依次减速，依次通过这个点，给彼此留出足够的空间。另外一种选择是元素不相交，像实体一样在靠近的时候彼此推开。

■ 1.8 制作第一个 UI 动效

这是一个很简单的 UI 动效，先使用 Photoshop 制作 Logo 分层图，再用 AE 制作 UI 动效。通过这个动效，可以起到抛砖引玉的作用，下面开始制作。

■ 1.8.1 设计一个 UI 小图标

下面将在 Photoshop 中制作图标。

Step01 图标的制作需要使用 Photoshop 软件，首先打开 Photoshop 软件，按组合键 Ctrl+N，弹出"新建"对话框，在该对话框中设置宽度和高度分别为 1440 和 900 像素，设置分辨率为 72 像素 / 英寸，单击"确定"按钮，新建一个空白文档，如图 1.35 所示。

Step02 选择工具箱中的"椭圆工具"，在画布上方显示的椭圆工具的选项栏中选择"形状"选项，在按住 Shift 键的同时按住鼠标左键不放在画布上进行拖动，可以在画布上绘制一个正圆，如图 1.36 所示。

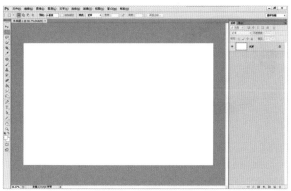

图 1.35

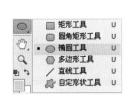

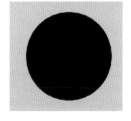

图 1.36

Step03 这一步比较简单，需要注意路径的关键点的位置。再次选择"椭圆工具"，在选项栏中选择"合并形状"选项，按住组合键 Alt+Shift 从正圆中心点的位置开始向外拖动，可以绘制同心圆，如图 1.37 所示。

Step04 这里遇到第一个难题——如何给整体的圆形制作缺口？选择"矩形工具"，在选项栏中选择"减去顶层形状"选项，在图像上绘制形状，然后按组合键 Ctrl+T，旋转角度，这样做也是使用路径的加减运算法则，如图 1.38 所示。

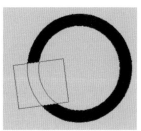

图 1.37 　　　　　　　　　　　　　　　　　　　图 1.38

Step05 现在绘制箭头，选择"多边形工具"，在选项栏中设置边数为 3，画出三角形，然后按组合键 Ctrl+T，调整大小和方向，在"图层"面板中将自动生成"多边形 1"图层，如图 1.39 所示。

Step06 这一步也很简单，直接使用"椭圆工具"，在圆形中心点的位置按住组合键 Alt+Shift 绘制圆形，得到图标，在"图层"面板中将生成"椭圆 1"图层，如图 1.40 所示。

图 1.39　　　　　　　　　　　　　　　　　图 1.40

Step 07 这里遇到绘制过程中的第二个难题，即如何为图标制作背景？选择工具箱中的"圆角矩形工具"，在画布上方显示的选项栏中设置参数，在图像上拖曳绘制出圆角矩形，此时在"图层"面板中将生成"圆角矩形 1"图层，如图 1.41 所示。

图 1.41

Step 08 为圆角矩形添加效果，这一步至关重要，图标的质感、立体感等都是由这一步决定的。打开该图层的"图层样式"对话框，在该对话框中分别设置"斜面和浮雕""内阴影""光泽""渐变叠加""内发光""投影"选项的参数，为圆角矩形添加效果，使背景富有立体感，"图层"面板如图 1.42 所示。

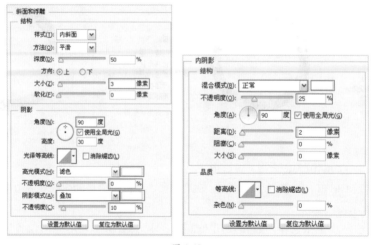

图 1.42

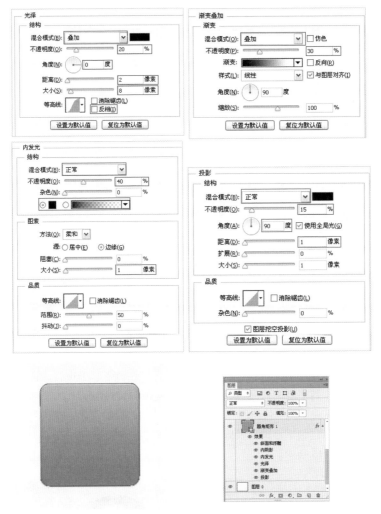

图 1.42（续）

Step 09 细节决定成败，往往最细小的部分才是成功的关键，这一步是为背景添加高光。选择工具箱中的"钢笔工具"，在图像上绘制高光的形状，将"填充"参数设置为 0%，如图 1.43 所示。

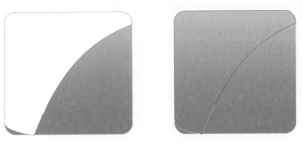

图 1.43

Step 10 双击该图层，打开"图层样式"对话框，在左侧列表中分别选择"斜面和浮雕""渐变叠加"选项，设置参数，为该形状添加效果，表现图标的质感，如图 1.44 所示。

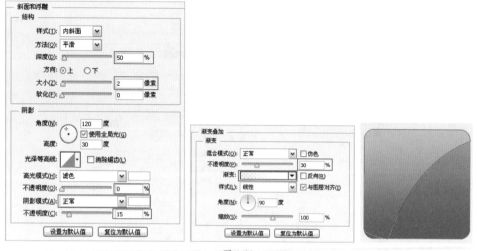

图 1.44

Step 11 单击"图层"面板下方的"添加图层蒙版"按钮，为该图层添加图层蒙版，然后选择工具箱中的"画笔工具"，设置前景色为黑色，在该形状上进行涂抹，将形状下方的区域隐藏，使整个背景看起来过渡得非常自然，如图 1.45 所示。

Step 12 使用"移动工具"将绘制完成的背景移动到图标的下方，将背景与图标整合，然后将图标所在的图层选中，单击鼠标右键选择"合并形状"命令，将其合并，得到"椭圆 2"图层，如图 1.46 所示。

图 1.45   图 1.46

Step 13 双击该图层，打开"图层样式"对话框，在左侧列表中分别选择"斜面和浮雕""投影"选项，设置参数，为图标添加效果，表现图标的立体感，如图 1.47 所示。

Step 14 在"图层"面板中将黑色箭头图标单独成组，并合并该组，将蓝色按钮与高光成组，并合并该组。现在有两个图层，将该文件保存为 PSD 格式。

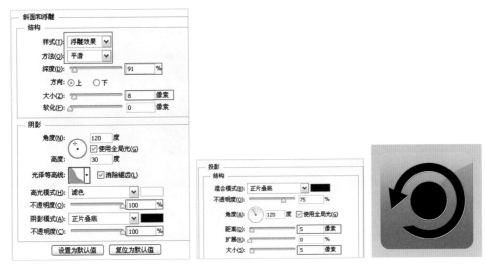

图 1.47

▌1.8.2　图标的 UI 动效制作

下面将在 AE 中制作图标动画。动画是针对每个图层单独进行的，动态图形基本的动作有位移、旋转和缩放，高级的动画有父子关系链接等。

Step01 启动 AE，双击"项目"面板中的空白区域，将"1-5.psd"文件导入"项目"面板中，在弹出的对话框中将导入种类设置为"合成 - 保持图层大小"，如图 1.48 所示。

图 1.48

Step02 双击"项目"面板中的"1-5.psd"文件，在"合成"面板中打开该文件，如图 1.49 所示。

Step03 选择圆形箭头图层，然后选择锚点工具，将锚点移动到圆形箭头的正中心位置，如图 1.50 所示。

图 1.49

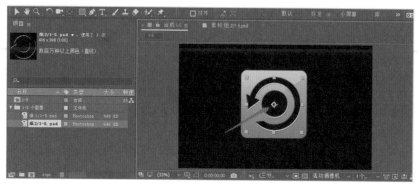

图 1.50

Step04 在时间线窗口中选择圆形箭头图层，确保时间为 0:00:00:00，然后单击"旋转"参数左边的"时间变化秒表"按钮 ，打开关键帧记录功能，如图 1.51 所示。

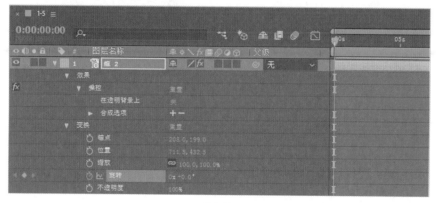

图 1.51

Step05 设置时间为 0:00:05:00，也就是第 5 秒（手动输入或左右拖动该区域即可设置时间），设置"旋转"参数为 1x，1x 代表旋转一周，此时在时间线的第 5 帧自动生成了旋转关键帧，如图 1.52 所示。

图 1.52

Step06 设置时间为 0:00:10:00，也就是第 10 秒，设置"旋转"参数为 1x+180°，180°代表旋转 180°（半周），此时在时间线的第 10 帧自动生成了旋转关键帧，如图 1.53 所示。

图 1.53

Step07 单击预览窗口中的"播放"按钮▶，观察从第 0 帧到第 10 帧的动画，动态图形旋转动画制作完成。在这个例子中学习了如何在 Photoshop 中制作扁平化的 Logo 图，分层后导入 AE 中进行动画制作，动画是很简单的选择动画，大家可以触类旁通，学会了制作旋转动画也就知道了如何制作移动、缩放、不透明度等动画，如图 1.54 所示。

图 1.54

Step08 目前的动画只是比较生硬的动态旋转，还需要将整个动画连接得更加舒缓。按组合键 Ctrl+A 选中所有物体，按快捷键 U 将所有做过动画的图层显示出来，然后用鼠标在时间线窗口中框选这些关键帧，右击选择"关键帧辅助\缓动"命令（按 F9 键可以直接执行缓动操作），如图 1.55 所示。

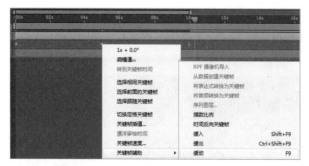

图 1.55

Step09 此时时间线上的所有关键帧都变成了漏斗造型 ，动画就制作完成了，播放动画可以发现动画比刚才连接得柔和多了（AE 可以智能化地将所有生硬的动画处理得非常流畅），如图 1.56 所示。

图 1.56

▌1.8.3　导出 UI 动画

下面介绍一下如何输出动画，动画的输出要看在哪个媒介中播放，如果是大屏幕，需要高清输出；如果只是手机播放，则要生成 H5 格式的视频。

Step01 由于前面只设置了 10 秒的动画，所以要将整个动画时长设置为 10 秒，按组合键 Ctrl+K，打开"合成设置"对话框，设置"持续时间"为 0.00.10.00，如图 1.57 所示。

Step02 选择主菜单中的"文件\导出\添加到渲染队列"命令，准备导出动画，如图 1.58 所示。

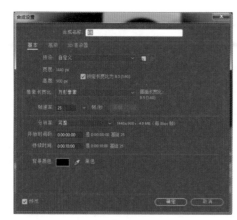

图 1.57

图 1.58

Step 03 此时在时间线窗口中增加了"渲染设置"和"输出模块"两个选项，在这里可以对导出的动画格式、画质以及文件保存的位置进行设置，如图 1.59 所示。

图 1.59

Step 04 单击"无损"选项，打开"输出模块设置"对话框，设置需要的格式，如果想要使背景镂空（做表情包），可以选择 RGB+Alpha 选项；单击"尚未指定"选项，可以打开"将影片输出到"对话框，设置动画的输出文件名，如图 1.60 所示。最后单击时间线窗口右上角的"渲染"按钮，对动画进行最终渲染即可。至此完成了第一个动态图形。

图 1.60

第 2 章
Photoshop 编辑操作

在 UI 设计中，Photoshop 受到多数设计师的喜爱。它操作简单、上手快，完全能够满足一般 UI 设计的需求。本章学习 Photoshop 在 UI 设计中的一些基本操作。

■ 2.1 Photoshop 的工作界面

在运行 Photoshop 以后，大家就可以看到用于图像操作的各种界面、工具以及由面板构成的工作界面。

■ 2.1.1 了解工作界面的工作组建

Photoshop 的界面主要由工具箱、菜单栏、面板等组成，熟练掌握各组成部分的名称和基本功能有助于大家轻松自如地对图形、图像进行操作，如图 2.1 所示。

图 2.1

- 菜单栏：包含所有 Photoshop 命令。
- 选项栏：可设置所选工具的选项。所选工具不同，提供的选项也有所区别。
- 工具箱：工具箱中包含了用于创建和编辑图像、图稿、页面元素的工具，在默认情况下工具箱停放在窗口的左侧。

- 图像窗口：这是显示图像的窗口。在标题栏中显示了文件名称、文件格式、缩放比例以及颜色模式等。
- 状态栏：位于图像窗口的下端，显示当前图像文件的大小以及各种信息说明。单击右三角的按钮，在弹出的列表中可以自定义文档的显示信息。
- 面板：为了更方便地使用软件的各项功能，Photoshop 将大量功能以面板的形式提供给用户。

在 Photoshop 中，用户可以利用新增的功能来设置不同的界面颜色，这样能使界面的外观表现出不同的风格，如图 2.2 所示。

图 2.2

2.1.2 了解工具箱

Photoshop 的工具箱能够以两种形式显示，一种是单排式，另一种是双排式。当工具箱呈双排式时，单击工具箱上方灰色部分中的 符号，即可转换为单排式。Photoshop 中的工具以图标形式聚集在一起，大家从图标的形态就可以了解该工具的功能。在键盘中按相应的快捷键即可选择相应的工具。右击右下角带三角形符号的图标，或者按住工具按钮不放，则会显示其他有相似功能的隐藏工具，如图 2.3 所示。

2.1.3 了解选项栏

选项栏用来设置工具的选项，它会随着所选工具的不同而变换选项内容。图 2.4 所示为选择画笔工具 时显示的选项。选项栏中的一些设置对于许多工具是通用的，但有些设置（例如铅笔工具的"自动抹除"选项）却专用于某个工具。

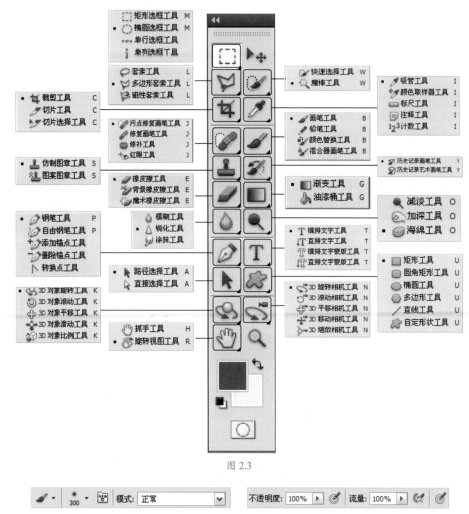

图 2.3

图 2.4

1. 下拉按钮

单击该按钮，可以打开一个下拉列表，如图 2.5 所示。

图 2.5

2. 文本框

在文本框中单击，输入新数值并按 Enter 键即可调整数值。如果文本框的旁边有▶按钮，则单击该按钮，会弹出一个滑块，拖动滑块也可以调整数值，如图 2.6 所示。

图 2.6

3. 滑块

在包含文本框的选项中，将光标放在选项的名称上，光标的状态会发生改变，单击并向左右两侧拖动鼠标，可以调整数值，如图 2.7 所示。

图 2.7

4. 移动选项栏

单击并拖动选项栏最左侧的图标，可以将它从停放状态中拖出，成为浮动的工具箱。将其拖回菜单栏的下面，当出现蓝色条时放开鼠标，即可将其重新停放到原处，如图 2.8 所示。

5. 隐藏 / 显示选项栏

选择"窗口 \ 选项"命令，可以隐藏或显示选项栏。

6. 创建和使用工具预设

在工具选项栏中单击工具图标右侧的▼按钮，可以打开下拉面板，在面板中包含了各种工具预设。例如，在使用裁剪工具🔲时选择如图 2.9 所示的工具预设，可以将图像裁剪为 5 英寸 ×3 英寸的大小且分辨率为 300 像素 / 英寸。

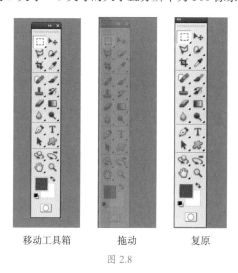

移动工具箱　　拖动　　复原

图 2.8

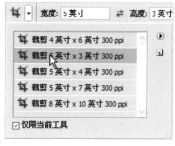

图 2.9

7. 新建工具预设

在工具箱中选择一个工具，然后在选项栏中设置该工具的选项，单击工具预设下拉面板中的🔲按钮，可以基于当前设置的工具选项创建一个工具预设。

8. 仅限当前工具

在勾选该复选框时，只显示工具箱中所选工具的各种预设，如图 2.10 所示；在取消勾选时，会显示所有工具的预设，如图 2.11 所示。

图 2.10

图 2.11

9. 使用 "工具预设" 面板

图 2.12

"工具预设" 面板用来存储工具的各项设置，载入、编辑和创建工具预设库。它与选项栏中的工具预设下拉面板的用途基本相同，如图 2.12 所示。

单击 "工具预设" 面板中的一个预设工具即可选择并使用该预设。单击该面板中的 "创建新的工具预设" 按钮 🖭，可以将当前工具的设置状态保存为一个预设。在选择一个预设后，单击 "删除工具预设" 按钮 🗑 可以将其删除。

10. 重命名和删除工具预设

在一个工具预设上右击，可以在弹出的快捷菜单中选择重命名或者删除该工具预设，如图 2.13 所示。

11. 复位工具预设

在选择一个工具预设后，以后每次选择该工具时都会应用这一预设。如果要清除预设，可以单击面板右上角的 ▶ 按钮，选择菜单中的 "复位工具" 命令，如图 2.14 所示。

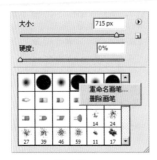

图 2.13

图 2.14

▋2.1.4 了解状态栏

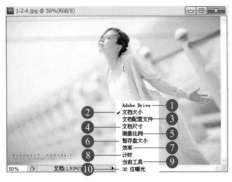

图 2.15

状态栏位于文档窗口的底部，可以显示文档窗口的缩放比例、文档大小、当前使用的工具等信息。单击状态栏中的 ▶ 按钮，可以在打开的菜单中选择状态栏的显示内容，如图 2.15 所示；如果单击状态栏并按住鼠标左键不放，则可以显示图像的宽度、高度、通道等信息，如图 2.16 所示；按住 Ctrl 键，单击并按住鼠标左键不放，可以显示拼贴宽度、图像宽度等信息，如图 2.17 所示。

❶ Adobe Drive：显示文档的 Version Cue 工作组状态。Adobe Drive 使用户能连接到 Version Cue CS5 服务器。当连接后，用户可以在 Windows 资源管理器或 macOS Finder 中查看服务器的项目文件。

图 2.16

图 2.17

❷ 文档大小：显示有关图像中的数据量信息。在选择该选项后，状态栏中会出现两组数字，左边的数字显示了拼合图层并存储文件后的大小，右边的数字显示了包含图层和通道的近似大小。

❸ 文档配置文件：显示图像所使用的颜色配置文件的名称。

❹ 文档尺寸：显示图像的尺寸。

❺ 测量比例：显示文档的比例。

❻ 暂存盘大小：显示正在处理图像的内存和 Photoshop 暂存盘的信息。在选择该选项后，状态栏中会出现两组数字，左边的数字表示程序用来显示所有打开的图像时所用的内存量，右边的数字表示可用于处理图像的总内存量。如果左边的数字大于右边的数字，则 Photoshop 将会启用暂存盘作为虚拟内存。

❼ 效率：显示执行操作实际花费时间的百分比。当效率为 100% 时，表示当前处理的图像在内存中生成；如果该值低于 100%，则表示 Photoshop 正在使用暂存盘，操作速度也会变慢。

❽ 计时：显示完成上一次操作所用的时间。

❾ 当前工具：显示当前使用工具的名称。

❿ 32 位曝光：用于调整预览图像，以便在计算机显示器上查看 32 位 / 通道高动态范围（HDR）图像的选项。注意，只有在文档窗口显示 HDR 图像时该选项才可用。

▌2.1.5　了解面板

面板用来设置颜色、工具参数以及执行编辑命令。Photoshop CS5 中包含 20 多个面板，在"窗口"菜单中可以选择需要的面板将其打开。在默认情况下，面板以选项卡的形式成组出现，并停靠在窗口的右侧，用户可根据需要打开、关闭或者自由组合面板。

1. 选择面板

单击相应面板的名称标签即可将该面板设置为当前面板，同时显示面板中的选项，如图 2.18 所示。

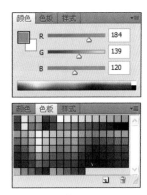
图 2.18

图 2.19

2. 折叠 / 展开面板

单击面板组右上角的▟▟按钮，可以将面板折叠为图标状。单击组内的任意图标即可显示相应的面板，单击面板右上角的▶▶按钮，可重新将其折叠回面板组。拖动面板边界可以调整面板组的宽度，如图 2.19 所示。

3. 组合面板

将一个面板的标签拖动到另一个面板的标题栏上，当出现蓝色框时放开鼠标，可以将它与目标面板组合。

4. 链接面板

将光标放在面板的标签上，单击并将其拖动到另一个面板下，如图 2.20 所示，当两个面板的连接处显示为蓝色时放开鼠标，可以将两个面板链接在一起。链接的面板可以同时移动或折叠为图标状，如图 2.21 所示。

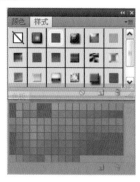

图 2.20

图 2.21

5. 移动面板

将光标放在面板的名称上，单击并向外拖动该面板到窗口的空白处，即可将其从面板组或链接的面板组中分离出来，成为浮动面板，如图 2.22 所示。拖动浮动面板的名称，可以将它放在窗口中的任意位置，如图 2.23 所示。

图 2.22

图 2.23

■ 2.2　图标设计技巧和原则

设计好的图标需要掌握哪些技巧和原则？人们经常会发出这样的疑问，其实这句话的意思是如何设计出视觉上漂亮的图标？在图标设计过程中，视觉设计只是其中的一个部分，在不同文化、不同显示载体、不同产品要求的前提下，图标的设计方式是不同的，呈现出来的视觉感受也是不同的。

好的图标设计有它们的共同点，大家尝试着把握图标设计的要点，并掌握一些技巧和原则，图标设计水平将会有一定程度的提高。

1. 视觉感受精美、细腻、结构合理

例如采用写实风格创作图标，使用生活中可见的元素来表达功能对应的含义。

大家在使用写实风格创作图标时，最为重要的就是元素的设计是否符合真实生活中的情况，包括外形、材料、角度、大小比例、色彩等因素。

如果脱离了这些条件，会导致图标失真，难以辨别，设计中的细腻感也不复存在。例如，用户在使用如图 2.24 所示的图标时反映出的操作诉求是"这是摄像机，我打开后就可以录像"，如图 2.24 所示。

图 2.24

2. 兼容各种应用尺寸，主体与细节对比合适

如果针对手持设备进行设计，选择屏幕的大小是一个挑战，而这个挑战仅仅是开始；如果一个界面产品或者网站需要兼容多个平台，那么图标的兼容性将是首先要考虑的问题。

这就是为什么在图标设计的展示稿中经常需要把各种尺寸都显示出来的原因。无论客户是否要求，大家都应该在设计之初就考虑到图标在不同分辨率下应用的结果。这样做不仅是为了兼容软件产品的缩放比例，也是为了检验图标的可用性是否和期待的一样。

3. 风格统一、整体性强

图标设计的基本原则是具有一套风格统一的图标，整体性强的设计会比零散的设计更有品质，更容易让用户理解。

特别是针对企业产品等图标设计，统一的概念从开始阶段就已经贯彻，在图标设计中需要引入一些统一风格的思想来规范它。

一套设计精良、统一性足够好的图标，不仅能够引起品牌的共鸣，甚至可以进一步带动部分界面的设计，以相同的质感、色系、光照效果等技巧统一整个产品的视觉感受。

4. 传达含义清晰、准确、容易记忆

在图标设计领域中一直有一个标准："对于图标含义的理解，不需要额外的文字说明"。

在前面提到的原则的基础上，每个图标用简单的元素表达清晰的概念，并和产品本身进行联系的方式，是大家在图标设计中尤其要注意的，一个图标的设计不需要太复杂，

重要的是其本身就能表达出它的含义和用途，使用户一眼就能明白这个图标是干什么的，而且容易记住，如图 2.25 所示。

耳机图标　　　　　　　录音图标　　　　　　　音量图标　　　　　　　音乐图标

图 2.25

5. 有一定的主题文化蕴含其中

有主题文化的图标一般更具有娱乐性和欣赏性。图标设计本身也是有故事性的，在单独的个体中体现出"道具"的概念，更容易引起用户的兴趣。

类似风格的图标常见于计算机游戏、TV 游戏、电影网站等娱乐性产品中，独特的风格以及直观的主题文化宣扬是其成功的法宝，如图 2.26 所示。

广西电视台的符号是以广西的英文首字母"G"为变形体的。

贵州电视台的标志形似贵州著名景区黄果树的瀑布，同时它的外形是贵州的英文首字母"G"的相似体。

海南电视台的标志是由椰树、白云、绿水交织成的一幅美丽的海南风情画。

广西电视台　　　　　　　贵州电视台　　　　　　　海南电视台

图 2.26

6. 不同文化背景和社会背景的用户均可理解

针对重要的文化事件，采用一个重要的社会现象作为图标设计的背景也是引人关注的好方法，其中的难度在于对事件本身的把握程度。

在不同的文化背景与社会背景中，如果要做到图标设计意义传达的准确，需要将抽象的内容进一步具象化，而这些具象的元素必须简单，容易识别，容易引起联想，便于不同文化背景和社会背景的用户理解。

■ 2.3 跟大师设计一组图标

通过前两节的学习，大家掌握了 Photoshop 软件的基本操作以及图标制作的原则和技巧，下面设计一组图标。

▌2.3.1 准备工作

在制作图标之前需要做好准备工作，打开 Photoshop 软件，选择"文件 \ 新建"命令，新建一个大小为 50 厘米 ×50 厘米、分辨率为 300 像素 / 英寸的文档，如图 2.27 所示。

图 2.27

▌2.3.2 构思、草图

现在抛开计算机，闭上眼睛思考，在脑子里形成一个构思，确定想法后，开始动手绘画，用笔快速地将创意呈现在纸上，先大致画一部分有代表性的示例，避免灵感丢失。图 2.28 所示为构思示意图。

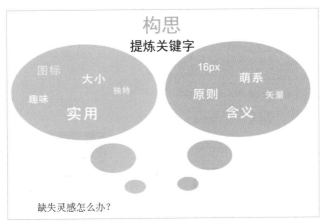

图 2.28

图 2.29

草图看起来很难看，不过没关系，后期会进行改善，如图 2.29 所示。

2.3.3 辅助背景的制作

绘制图标限制，统一视觉大小。使用矩形选框工具绘制 8 厘米 ×8 厘米大小的正方形选区，填充为灰色。按住 Alt 键移动并进行复制，在水平方向复制 3 个副本，在垂直方向可将第一排的 4 个正方形全部选中，按住 Alt 键进行移动复制，复制 3 次，最终得到垂直和水平方向上共 16 个正方形，得到辅助背景，如图 2.30 所示。

为了避免背景干扰，为其填充较淡的颜色。

在绘制完成后新建组，将其拖入组 1 中，进行锁定，如图 2.31 所示。

图 2.30

图 2.31

2.3.4 基本形、放大

在辅助背景上绘制基本形，将其放大，可以观察到像素点。

1. 基本形

灰色背景辅助的定界框，此处设定为常用的 16×16 像素，用眼睛衡量，注意视觉均衡，例如在尺寸一致的情况下矩形会显得偏大，如图 2.32 所示。

2. 放大

按组合键 Ctrl++，将画布放大到 600％，如图 2.33 所示。注意调节不要太猛，这样就能看到像素点和网格粗线了。

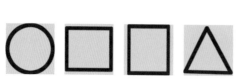

图 2.32

图 2.33

消除锯齿通常是为了清晰，而不是为了锐利，不要为了消除而消除，需要保留一些杂边，这样图标才能平滑。

▌2.3.5　创作过程

现在一切准备就绪，开始创作。有些人在创作的时候画完一个就没有灵感了，那么请试一试下面的方法。

（1）常用方法，如图 2.34 所示。

加减法　　　　　　　对称　　　　　　　旋转　　　　　　　微调整

图 2.34

（2）基本形状的演变，如图 2.35 所示。

圆的演变　　　　　　　　　　　规则矩形的演变

不规则常用形状　　　　　　　不规则其他形状

图 2.35

2.3.6 常用方法——变形

在创作图标的时候，最常使用的方法就是变形，可以将其他基本形状进行组合，自由发挥，遵循"整体到局部"的原则，先造型再修饰细节，如图 2.36 所示。

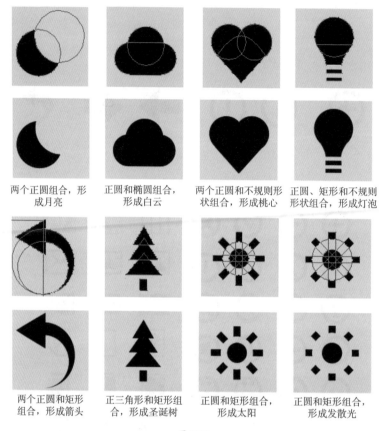

两个正圆组合，形成月亮　　　正圆和椭圆组合，形成白云　　　两个正圆和不规则形状组合，形成桃心　　　正圆、矩形和不规则形状组合，形成灯泡

两个正圆和矩形组合，形成箭头　　　正三角形和矩形组合，形成圣诞树　　　正圆和矩形组合，形成太阳　　　正圆和矩形组合，形成发散光

图 2.36

在造型确定的前提下，大家应该多做尝试，选择最合适的表达方式，且不要破坏图标的统一组件，如图 2.37 所示。

图 2.37

2.3.7 进阶方法——改进

在设计图标的时候进行多次改进才能得到满意的图标。

1. 优先考虑 45°矩形

使用矩形工具设计图标，最大的好处就是矩形不发虚。当对矩形进行旋转的时候，45°矩形的两侧会比其他角度的更整齐，如图 2.38 所示。

图 2.38

2. 补点

在发虚的位置填充 1 像素宽的矩形，如图 2.39 所示。

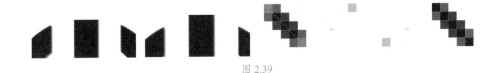

图 2.39

▌2.3.8　成品

为图标加上背景，完成设计。在跟大师设计一组图标后，相信大家对图标的制作有了一定的了解，通过不断变形、改进，肯定能设计出满意的作品，如图 2.40 所示。

▌2.3.9　形状工具和选区的区别

在做 UI 设计时，有人会问：用选区工具可以画出正方形、矩形、圆形，为什么要用形状工具呢？

下面通过实际演示来说明这两者之间的差别。

外形：通过形状工具和选区工具画出的两个正方形，在外表上看似乎没有什么差别，如图 2.41 所示。

图层形式：从"图层"面板中，一个是单纯的图层，另一个是由形状模板组合而成的，如图 2.42 所示。

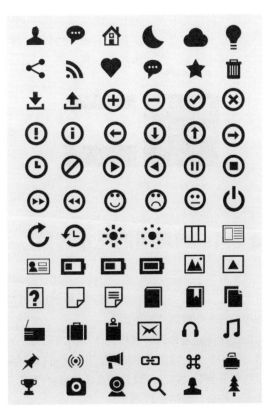

图 2.40

图 2.41

图 2.42

操作对比：现在对图形形状进行删除操作，就会发现两者之间的区别，如图 2.43 所示。将形状图层选中，按 Delete 键，整个图形形状被删除，如图 2.44 所示。

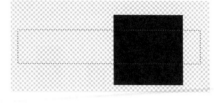

图 2.43

图 2.44

将使用选区工具生成的正方形所在的图层选中，按 Delete 键，选中的区域被删除，而未选中的区域不变，如图 2.45 所示。

图层的栅格化：在图层上右击，选择"栅格化图层"命令，产生的形状跟使用选区工具操作的效果一样，如图 2.46 所示。

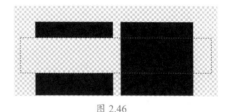

图 2.45

图 2.46

■ 2.4　对图层的基本理解

图层是 Photoshop 中的一个核心功能，使用图层可以对图像进行单独操作，而不影响其他的图像，并可以对图像进行合成操作以及移动、复制、删除图层等操作。下面学习图层的基本原理以及各种功能。

使用图层可以同时操作几个不同的图像，对不同的图像进行合成，并从画面中隐藏或删除不需要的图像和图层。使用图层可以获得画面统一的图像，从而得到需要的效果。

打开素材文件，可以看到这是一幅由背景、文字图案构成的可爱的卡通画，图像由 4 个图层组成，如图 2.47 所示。

图 2.47

　　如果不分层制作，在创作一个较复杂的图片时，若有一小部分绘制错误，那么就必须重新绘制，这样是非常麻烦的。如果使用图层单独创建了构成整体的图像，那么只需要修改不满意图层的图像即可，这样大大提高了效率，又缩短了工作时间。

　　在编辑图层前，首先需要在"图层"面板中单击需要的图层将其选中，所选的图层称为当前图层。绘画、颜色和色调修正只能在一个图层中进行，而移动、对齐、变化或应用"样式"面板中的样式时可以一次处理所选的多个图层。

■ 2.5　路径的运算方法

　　通过形状工具选项栏中的 5 个选区选项可以组合出很多 Photoshop 工具中原本没有的图形。这 5 个选项分别是新建图层、合并形状、减去顶层形状、与形状区域相交、排除重叠形状。

　　在文档中绘制一个矩形形状，如图 2.48 所示，然后选择"新建图层"，使用椭圆工具进行绘制，就会发现新绘制的椭圆新建了一个图层，如图 2.49 所示。

图 2.48

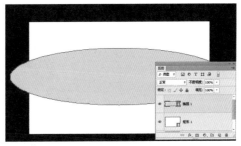

图 2.49

　　若是选择"合并形状"，使用椭圆工具进行绘制，该椭圆会和矩形合并在一起，当修改颜色时也会被一起修改，如图 2.50 所示。

　　"减去顶层形状"与"合并形状"相反，一个是加，一个是减，如图 2.51 所示。

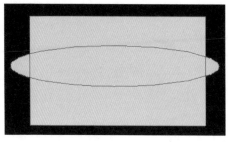
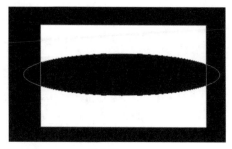

图 2.50　　　　　　　　　　　　　　　图 2.51

"与形状区域相交"则是保留两次图形相重叠的部分，如图 2.52 所示。

"排除重叠形状"和"与形状区域相交"相反，是保留重叠部分以外的形状，如图 2.53 所示。

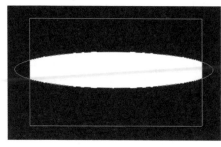

图 2.52　　　　　　　　　　　　　　　图 2.53

■ 2.6　制作可回收资源图标

本实例制作可回收资源图标，从这个例子中可以学到合并形状、自由变换的方法以及钢笔工具的基本使用方法等，如图 2.54 所示。

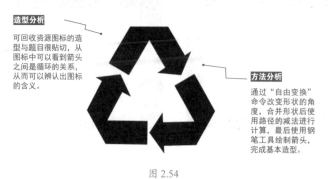

造型分析

可回收资源图标的造型与题目很贴切，从图标中可以看到箭头之间是循环的关系，从而可以辨认出图标的含义。

方法分析

通过"自由变换"命令改变形状的角度，合并形状后使用路径的减法进行计算，最后使用钢笔工具绘制箭头，完成基本造型。

图 2.54

Step01 选择"文件\新建"命令，创建宽度为 567 像素、高度为 425 像素、分辨率为 300 像素 / 英寸的文档，然后选择"矩形工具"，设置前景色为黑色，按住鼠标左键不放在画布上拖曳绘制矩形形状，如图 2.55 所示。

Step02 按组合键 Ctrl+T，自由变换，旋转矩形形状的角度，并按 Enter 键确认，如图 2.56 所示。将该图层复制，选择"自由变换"命令，然后在矩形框内右击，选择"水平翻转"命令，将其进行翻转，并使用移动工具移动位置，如图 2.57 所示。

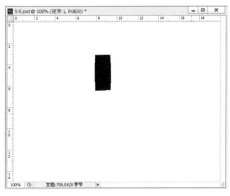

图 2.55

Step03 从标尺中拉出 3 条辅助线，如图 2.58 所示，将该图层及其副本图层的形状进行合并。选择矩形工具，在选项栏中选择"减去顶层形状"选项，在辅助线内绘制矩形框，如图 2.59 所示。

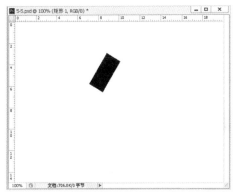

图 2.56

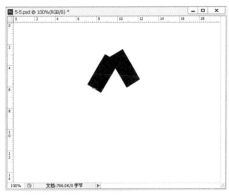

图 2.57

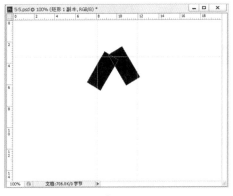

图 2.58

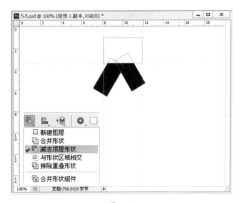

图 2.59

Step04 选择钢笔工具，在选项栏中选择"合并形状"选项，如图 2.60 所示。在图像上绘制箭头形状，完成后将该图层进行复制、旋转，再复制、再旋转，制作可回收资源图标，完成效果如图 2.61 所示。

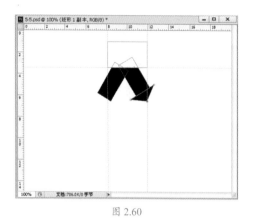

图 2.60

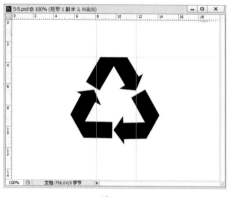

图 2.61

■ 2.7 制作短信图标

本实例制作短信图标，大家可以从中学到基本绘图工具的使用方法，例如圆角矩形工具的使用方法，如图 2.62 所示。

造型分析

使用圆角矩形为短信图标的基本形状，利用圆角的特点给人亲切的感觉，上面的线条根据信封的表面进行设计，非常符合短信图标的概念。

方法分析

使用圆角矩形工具绘制底部，使用其他工具绘制线条，然后进行复制、旋转等操作，完成图标的制作。

图 2.62

图 2.63

Step 01 选择"文件\新建"命令，创建宽度为 567 像素、高度为 425 像素、分辨率为 300 像素 / 英寸的文档，并为文档填充深灰色。按组合键 Ctrl+R，打开标尺工具，选择圆角矩形工具，设置半径为 10 像素，在图像上绘制圆角矩形，如图 2.63 所示。

Step 02 再次选择圆角矩形工具，在图像上绘制细一点的圆角矩形，并改变颜色，然后按组合键 Ctrl+T，旋转角度，如图 2.64

所示。确认旋转后复制该图层，选择"水平翻转"命令，如图 2.65 所示。

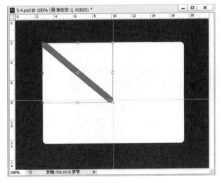

图 2.64

图 2.65

Step03 水平翻转后，按 Enter 键确认，如图 2.66 所示，然后按住 Shift 键使用移动工具移动其位置，如图 2.67 所示。

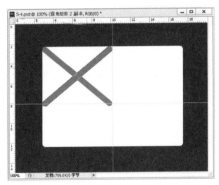

图 2.66

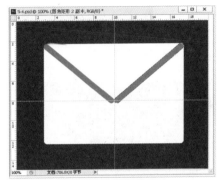

图 2.67

Step04 选择矩形工具绘制矩形框，如图 2.68 所示。使用同样的方法进行旋转、复制、翻转、移动等操作，完成短信图标的制作，如图 2.69 所示。

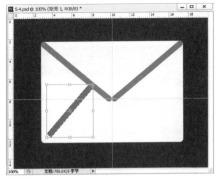

图 2.68

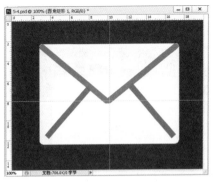

图 2.69

■ 2.8 制作照相机图标

本例制作照相机图标，首先需要用到圆角矩形工具、椭圆工具、矩形工具等最基本的绘制形状的工具，其次使用路径加 / 减运算，绘制照相机图标，如图 2.70 所示。

造型分析

照相机图标看似简单，却内容丰富，有摄像头、开光、调节焦距的旋钮等，都需要进行绘制。

方法分析

使用基本的路径加 / 减运算，即可绘制该图标，在绘制过程中需要借助辅助线完成比例的分配，从而使绘制出来的图标看起来舒心、自然。

图 2.70

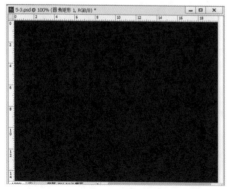

图 2.71

Step 01 选择"文件 \ 新建"命令，创建宽度为 567 像素、高度为 425 像素、分辨率为 300 像素 / 英寸的文档，并为文档填充黑色。按组合键 Ctrl+R，打开标尺工具，拉出辅助线，如图 2.71 所示。

Step 02 选择圆角矩形工具，在选项栏中设置参数为 20 像素，绘制圆角矩形，如图 2.72 所示。选择矩形工具，然后选择"减去顶层形状"选项，绘制矩形，如图 2.73 所示。

Step 03 从垂直和水平方向的标尺中拉出辅

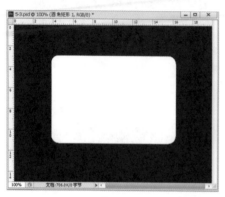

图 2.72

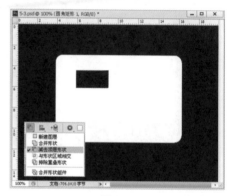

图 2.73

助线，如图 2.74 所示，确定下一个形状出现的大概位置。选择椭圆工具，在选项栏中选择"减去顶层形状"选项，绘制椭圆，如图 2.75 所示。

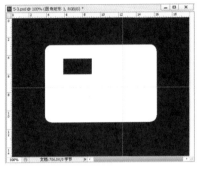

图 2.74

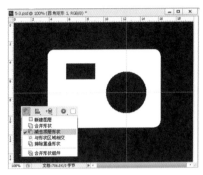

图 2.75

Step04 在选项栏中选择"合并形状"选项，在辅助线交叉处按住组合键 Alt+Shift 绘制同心圆，如图 2.76 所示。选择"减去顶层形状"选项，从中心位置出发绘制圆心，如图 2.77 所示。

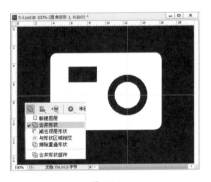

图 2.76

图 2.77

Step05 选择矩形工具，在选项栏中选择"减去顶层形状"选项，绘制矩形，如图 2.78 所示。选择圆角矩形工具，设置圆角半径为 10 像素，然后选择"合并形状"选项，在图像上绘制，完成照相机图标的制作，如图 2.79 所示。

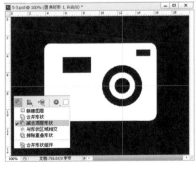

图 2.78

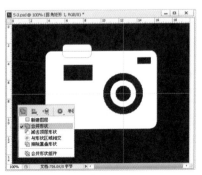

图 2.79

2.9 钢笔工具的使用

钢笔工具是 Photoshop 中最强大的绘图工具之一，主要有两种用途，一是绘制矢量图形，二是选取对象。在作为选取工具使用时，钢笔工具描绘得轮廓光滑、准确，将路径转换为选区就可以准确地选取对象。

选择钢笔工具后，在 Photoshop 的窗口中会显示出钢笔工具的选项栏，单击"路径"后面的下三角按钮将弹出下拉列表，可以设置要制作的路径形态。

若选择"形状"选项，在使用钢笔工具创建路径时会按照前景色或者选定的图层样式填充区域，在"图层"面板上将自动生成"形状1"图层，在"路径"面板上将自动生成"形状1矢量蒙版"，如图 2.80 所示。

图 2.80

若选择"路径"选项，在使用钢笔工具创建路径时只会生成路径，在"路径"面板上将自动生成"工作路径"，如图 2.81 所示。

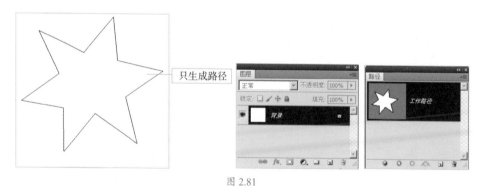

图 2.81

2.10 认识锚点

路径由直线路径段或曲线路径段组成，它们通过锚点连接。锚点分为两种，一种是平滑锚点，另一种是折角锚点（角点），平滑锚点连接可以形成平滑的曲线，角点连接则形成直线或者转角曲线。

曲线路径段上的锚点有方向线，方向线的端点为方向点，用于调整曲线的形状。平滑锚点的两端有两个处于同一直线上的控制手柄，这两个控制手柄之间是互相关联的，拖动其中一个手柄，另一个手柄会向相反的方向移动，此时路径线也会发生相应的改变。

折角锚点虽然也有两个控制手柄，但它们之间是互相独立的，当拖动其中一个手柄时，另一个手柄不会发生改变，如图 2.82 所示。

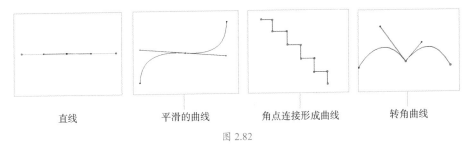

直线　　　　　平滑的曲线　　　　角点连接形成曲线　　　　转角曲线

图 2.82

使用直接选择工具 单击一个锚点即可选择该锚点，选中的锚点为实心方块，未选中的锚点为空心方块。在选择锚点后，按住鼠标左键不放并拖动，即可将其移动。

如果在将光标从锚点上移开后又想移动锚点，则应当将光标重新定位在锚点上，单击并拖动鼠标将其移动，如图 2.83 所示。

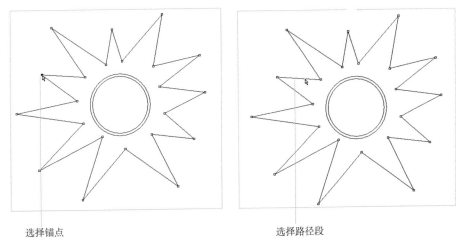

选择锚点　　　　　　　　　　　　选择路径段

图 2.83

第 3 章

UI 图标设计

如果要做一个完整、美观的手机 UI 设计，不可能使用单一的图形组合充当图标，因此在了解简单的 UI 设计之后就要开始对图标添加图层样式效果了，请跟随作者进入复杂图标 UI 设计的世界。

■ 3.1　Tumblr 图标的制作

在本例中将学会使用图层样式工具、画笔工具、图层蒙版、圆角矩形工具等制作一个 Tumblr 图标。本例以圆角矩形为基本图形，大量运用了 Photoshop 中内置的图层样式效果，让图标变得有立体感，如图 3.1 所示。

造型分析
Tumblr 图标以圆角矩形为基本图形，内部用 t 字图形表明。

配色分析
图标整体以蓝色调为基本色，使用白色绘制 t 形，给人清新、自然的感觉。

效果分析
图标质感强烈，具有阴影和高光的明暗对比，使整体图标更具立体感。

图 3.1

■ 3.1.1　制作基本形状

首先绘制图标的基本形状。

Step 01 选择 "圆角矩形工具"，设置半径为 160 像素，设置前景色参数，在图像上拖曳绘制圆角矩形，如图 3.2 所示。

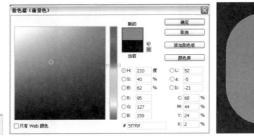

图 3.2

Step02 双击"圆角矩形 1"图层，打开"图层样式"对话框，分别对"斜面和浮雕""投影""内阴影""渐变叠加"选项进行参数调节，为圆角矩形添加质感效果，如图 3.3 所示。

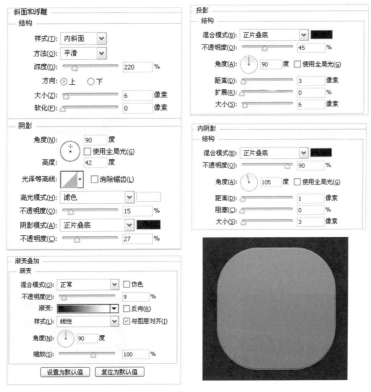

图 3.3

3.1.2 绘制高光和阴影

接下来绘制图标的高光和阴影。

Step01 新建"图层 1"图层，选择"画笔工具"，设置前景色为白色，在图像上涂抹，绘制高光区域，并将该图层的不透明度降低为 35%，使高光自然，如图 3.4 所示。

图 3.4

Step 02 新建"图层 2"图层，选择"画笔工具"，设置前景色为暗蓝色，在图像上涂抹，绘制阴影区域，并将该图层的不透明度降低为 20%，使阴影柔和，如图 3.5 所示。

图 3.5

> **Tips**　设置图层的不透明度：设置当前图层的不透明度，使其呈现透明状态，从而显示出下面图层中的图像内容。

Step 03 使用"圆角矩形工具"绘制黑色的圆角矩形，将该图层的混合模式设置为"叠加"，并降低不透明度为 15%，如图 3.6 所示。

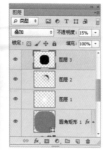

图 3.6

▌3.1.3　表现图标质感和立体感

接下来表现图标的质感和立体感。

Step 01 双击"图层 3"图层,打开"图层样式"对话框,选择"图案叠加"选项,设置参数,为图标背景添加图案叠加效果,如图 3.7 所示。

图 3.7

Step 02 选择"圆角矩形工具",在图像上绘制图形,然后为该图层添加图层蒙版,使用黑色画笔进行涂抹,隐藏多余图像,并降低图层的不透明度,使图标具有立体感,如图 3.8 所示。

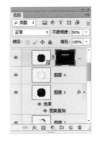

图 3.8

Step 03 选择"横排文字工具",在图像上单击并输入文字,然后打开"图层样式"对话框,选择"投影"选项,设置参数,为文字添加"投影"效果,如图 3.9 所示。

图 3.9

■ 3.2　工具箱图标

在本例中将学会使用图层样式工具、钢笔工具、圆角矩形工具、画笔工具等制作工具箱图标。本例以矩形为基本图形,将所绘制的图形进行复制,从而使图标看起来更加完整、清晰,如图 3.10 所示。

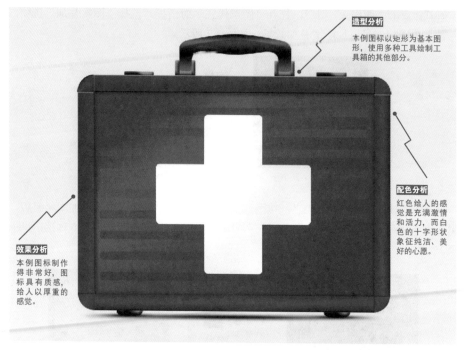

造型分析

本例图标以矩形为基本图形，使用多种工具绘制工具箱的其他部分。

配色分析

红色给人的感觉是充满激情和活力，而白色的十字形状象征纯洁、美好的心愿。

效果分析

本例图标制作得非常好，图标具有质感，给人以厚重的感觉。

图 3.10

▌3.2.1　制作基本形状

首先制作工具箱的基本形状。

Step01 选择"文件\新建"命令或按组合键 Ctrl+N，打开"新建"对话框，设置宽度为 1280 像素、高度为 1024 像素、分辨率为 72 像素 / 英寸，完成后单击"确定"按钮，新建一个空白文档，如图 3.11 所示。

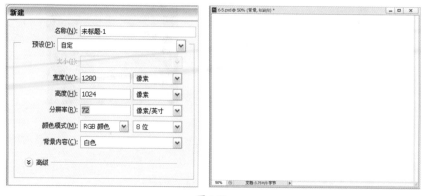

图 3.11

Step02 设置前景色为淡灰色，按组合键 Alt+Delete，为"背景"图层填充前景色，然后单击"图层"面板下方的"创建组"按钮，新建"组 1"，如图 3.12 所示。

图 3.12

Step 03 新建"图层 1"图层，选择工具箱中的"矩形选框工具"，在图像上绘制矩形选区，并为其填充灰色，如图 3.13 所示。

图 3.13

Step 04 为矩形添加效果。双击该图层，打开"图层样式"对话框，选择"内阴影""渐变叠加"选项，设置参数，为矩形添加内阴影和渐变叠加效果，如图 3.14 所示。

图 3.14

3.2.2 制作工具箱的正面

接下来制作工具箱的正面。

Step01 制作条纹。选择工具箱中的"圆角矩形工具"，在选项栏中选择"路径"选项，设置半径为20像素，在图像上绘制圆角矩形，然后按组合键Ctrl+Enter将路径转换为选区，新建"图层2"图层，填充白色，按组合键Ctrl+D取消选区，如图3.15所示。

图 3.15

Step02 向下合并图层。在按住 Alt 键的同时移动圆角矩形可将其进行复制，在这里复制8次，得到工具箱表面的条纹，然后多次按组合键Ctrl+E将复制后的所有图层向下合并，如图3.16所示。

图 3.16

> **Tips**
> 向下合并图层：如果想将一个图层与它下面的图层合并，可以选中该图层，选择"图层\向下合并"命令或按组合键Ctrl+E，合并后的图层使用下面图层的名称。

Step03 将"图层2"图层的不透明度降低为70%，如图3.17所示。

图 3.17

Step 04 为条纹添加渐变。打开该图层的"图层样式"对话框，选择"渐变叠加"选项，设置参数，为条纹添加渐变效果，如图 3.18 所示。

图 3.18

Step 05 绘制十字形状。选择"钢笔工具"，然后在选项栏中选择"路径"选项，在图像上绘制十字形状，并将其转换为选区，如图 3.19 所示。

图 3.19

Step 06 新建"图层 3"图层，设置前景色为白色，按组合键 Alt+Delete 将选区填充为白色，然后按组合键 Ctrl+D 取消选区，如图 3.20 所示。

图 3.20

Tips

　　按 D 键可以快速将前景色和背景色默认为黑色和白色，按组合键 Alt+Delete 可以填充前景色，按组合键 Ctrl+Delete 可以填充背景色。

Step 07 打开该图层的"图层样式"对话框，设置"渐变叠加"选项的参数，如图 3.21 所示。

图 3.21

3.2.3 制作工具箱的四边

接下来制作工具箱的四边。

Step01 选择"矩形工具",在图像的上方绘制矩形框,如图 3.22 所示。

图 3.22

Step02 设置"斜面和浮雕""渐变叠加"选项的参数,为矩形框添加效果,如图 3.23 所示。

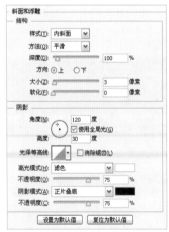

图 3.23

Step03 选择"矩形工具",在图像的下方绘制矩形框,并为其添加"斜面和浮雕""渐变叠加"样式,如图 3.24 所示。

Step04 添加立体效果。选择"矩形工具",在图像的右方绘制矩形框,并为其添加"斜面和浮雕""渐变叠加"样式,如图 3.25 所示。

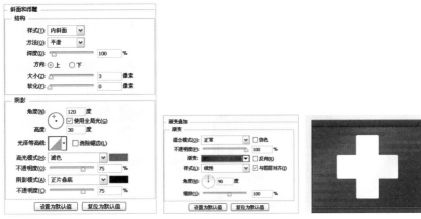

图 3.24

图 3.25

Step05 选择"矩形工具"，在图像的左方绘制矩形框，并为其添加"斜面和浮雕""渐变叠加"样式，使工具箱的四边都具有光感和立体感，如图 3.26 所示。

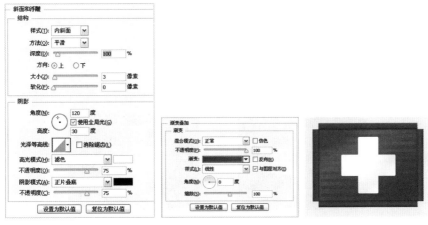

图 3.26

3.2.4　制作工具箱的四角

接下来制作工具箱的四角。

Step01 选择"钢笔工具",在选项栏中选择"路径"选项,在图像上绘制边角形状,并任意填充一种颜色,如图 3.27 所示。

图 3.27

Step02 为边角添加"斜面和浮雕""光泽"样式,使其与画面统一,如图 3.28 所示。

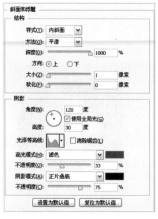

图 3.28

Step03 复制边角。在按住 Alt 键的同时移动刚才绘制的边角,将其进行复制,然后按组合键 Ctrl+T,右击,在弹出的快捷菜单中选择"水平翻转"命令,翻转图像,并移动位置,得到右下角的边角,如图 3.29 所示。

Step04 使用同样的方法将边角复制两次,然后选择"垂直翻转"命令,将边角进行翻转,并移动到工具箱上面左、右两个边角的位置,如图 3.30 所示。

图 3.29　　　　　　　　　　　　图 3.30

▍3.2.5 制作工具箱的锁

接下来制作工具箱的锁。

Step01 选择工具箱中的"矩形工具",在图像上绘制矩形并填充颜色,如图 3.31 所示。

Step02 为其添加"斜面和浮雕""渐变叠加"样式,如图 3.32 所示。

Step03 在按住 Alt 键的同时移动矩形形状,将其进行复制,如图 3.33 所示。

图 3.31

图 3.32

图 3.33

▍3.2.6 制作工具箱的提手

接下来制作工具箱的提手。

Step01 继续将矩形进行复制,按组合键 Ctrl+T 自由变换,将选区内的图像旋转 90°,按 Enter 键确认,如图 3.34 所示。

Step02 将旋转后的图像进行复制并移动位置,将旋转及复制的图层进行合并,如图 3.35 所示。

图 3.34

图 3.35

Step03 将合并后的图层再次进行复制,并移动所复制图像的位置,如图 3.36 所示。

图 3.36

Step04 选择"钢笔工具"，绘制提手的轮廓，并将路径转换为选区，然后新建图层，填充为黑色，如图 3.37 所示。

图 3.37

Step05 为其添加"光泽""渐变叠加"样式，如图 3.38 所示。

图 3.38

3.2.7　制作工具箱的支角

图 3.39

接下来制作工具箱的支角。

Step01 选择"钢笔工具"，绘制底部的支架，如图 3.39 所示。

Step02 打开"图层样式"对话框，选择"斜面和浮雕""渐变叠加"选项，设置参数，如图 3.40 所示。

Step03 将底部的支架进行复制并移动位置，如图 3.41 所示。

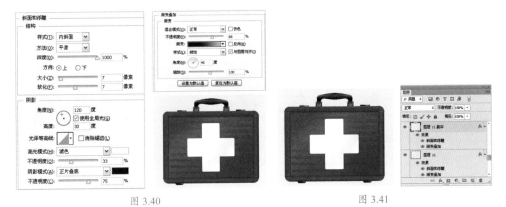

图 3.40　　　　　　　　　　　　　　　　　　　图 3.41

Step04 新建"图层 12"图层，选择"画笔工具"，设置前景色为黑色，在底部进行涂抹，绘制阴影，如图 3.42 所示。

Step05 将"图层 12"图层进行复制，按组合键 Ctrl+T，改变阴影部分的长度，并将其移动到合话的位置，如图 3.43 所示。

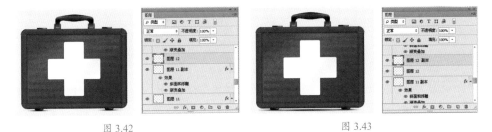

图 3.42　　　　　　　　　　　　　　　　　　　图 3.43

■ 3.3　条形码图形

在本例中将学会使用圆角矩形工具、橡皮擦工具、矩形选框工具、图层样式工具等制作条形码图形。本例以矩形为基本图形，运用图层样式工具以及渐变工具等，让条形码图形更具真实感，如图 3.44 所示。

造型分析
本例图形以圆角矩形为基本图形，然后绘制条纹以及扫描的光线。

配色分析
本例图形的背景以灰色为主，看起来大方、沉稳，而扫描光线以红色绘制，给人以清晰、明了的感觉。

效果分析
本例条形码图形质感强，扫描光线使图形看起来更具动感效果。

图 3.44

▌3.3.1 制作条形码的外形

首先制作条形码的外形。

Step01 选择"文件\新建"命令
或按组合键 Ctrl+N，打开"新建"对
话框，设置宽度为 1280 像素、高度
为 1024 像素、分辨率为 72 像素/英寸，
完成后单击"确定"按钮，新建一个
空白文档，如图 3.45 所示。

图 3.45

Step02 建立选区。选择工具箱中的"圆角矩形工具"，在选项栏中选择"路径"选项，
设置半径为 60 像素，在图像上绘制圆角矩形，如图 3.46 所示。按组合键 Ctrl+Enter 将路
径转换为选区，如图 3.47 所示。

图 3.46 图 3.47

Step03 为选区填充颜色。单击工具箱中的前景色图标，打开"拾色器（前景色）"对话框，
设置参数，单击"确定"按钮，新建"图层 1"图层，为选区填充灰白色，如图 3.48 所示。

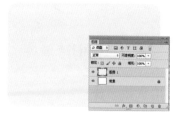

图 3.48

Step04 选择选区。将"图层 1"图层进行复制，得到"图层 1 副本"图层，在按住
Ctrl 键的同时单击"图层 1 副本"图层的缩略图，选择该图层的选区，如图 3.49 所示。

图 3.49

▌3.3.2　添加阴影

接下来添加条形码的阴影。

Step01 移动"图层 1"图层的顺序到上方,然后将该图层隐藏,设置前景色,为"图层 1 副本"图层填充前景色,并取消选区,如图 3.50 所示。

图 3.50

Step02 选择工具箱中的"橡皮擦工具",然后选择柔角的笔头,在图像上进行涂抹,绘制出阴影区域,如图 3.51 所示。

Tips

在涂抹的过程中按【或】键,可将画笔笔头放大或缩小。

图 3.51

Step03 单击"图层 1"图层前面的眼睛图标,将隐藏的图像显示出来,如图 3.52 所示。

图 3.52

Step04 打开该图层的"图层样式"对话框,选择"内阴影""渐变叠加"选项,设置参数,为该图层添加效果,如图 3.53 所示。

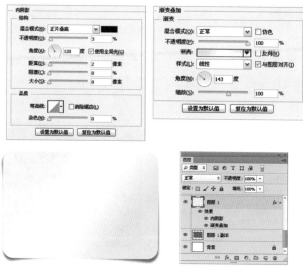

图 3.53

■3.3.3 绘制条形码

接下来绘制条形码。

Step 01 选择"矩形选框工具"绘制矩形框，填充黑色，然后通过不断复制及调整宽度绘制出条形码，并将所有条形码的图层进行合并，如图 3.54 所示。

图 3.54

Step 02 打开该图层的"图层样式"对话框，选择"渐变叠加"选项，设置参数，为条形码添加流动的感觉，如图 3.55 所示。

图 3.55

Step 03 选择"钢笔工具"，在图像上绘制路径，然后按组合键 Ctrl+Enter 将路径转换为选区，如图 3.56 所示。

图 3.56

Step 04 新建"图层 3"图层，选择工具箱中的"渐变工具"，打开"渐变编辑器"对话框，设置渐变条，在选区内拖曳绘制渐变色，如图 3.57 所示。

图 3.57

Step 05 按组合键 Ctrl+D 取消选区，然后将"图层 3"图层的不透明度降低为 50%，如图 3.58 所示。

图 3.58

3.3.4　绘制扫描条

接下来绘制扫描条。

Step 01 新建"图层 4"图层，使用"钢笔工具"绘制扫描条，为其填充红色，然后取消选区，如图 3.59 所示。

图 3.59

Step02 为扫描条添加效果。打开"图层样式"对话框，设置"外发光"选项的参数，添加外发光效果，如图 3.60 所示。

图 3.60

Step03 将该图层的不透明度降低为 70%，如图 3.61 所示。

图 3.61

Step04 将该图层进行复制，加深扫描条效果，如果觉得颜色有些深，可以通过降低不透明度参数来进行调节，如图 3.62 所示。

图 3.62

■ 3.4 工具图形

在本例中将学会使用矩形选框工具、钢笔工具、图层样式工具、画笔工具等制作工具图形。在本例中大量运用钢笔工具绘制不规则形状，然后为其添加图层样式，让工具图形更具金属质感以及光泽效果，如图 3.63 所示。

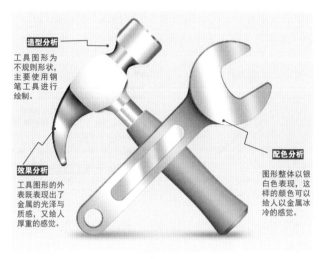

图 3.63

3.4.1　制作工具锤的手柄

首先制作工具锤的手柄。

Step01 选择"文件 \ 新建"命令，在弹出的"新建"对话框中设置宽度为 1280 像素、高度为 1024 像素、分辨率为 72 像素 / 英寸的文档，并为其填充淡灰色，然后将"背景"图层解锁，新建"组 1"，如图 3.64 所示。

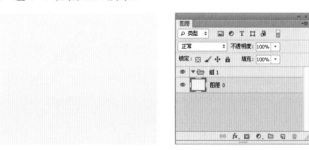

图 3.64

Step02 绘制手柄基本形。选择"矩形选框工具"，绘制矩形选区，然后新建"图层 1"图层，为矩形选区填充任意颜色，并旋转角度，如图 3.65 所示。

图 3.65

Step 03 为手柄添加金属光泽。将该图层的"图层样式"对话框打开，选择"渐变叠加"选项，设置渐变色以及其他参数，为手柄添加金属光泽效果，如图 3.66 所示。

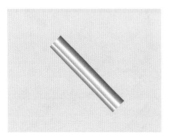

图 3.66

Step 04 使用"钢笔工具"绘制锤的衔接部分，然后新建图层，填充任意颜色，并添加"内阴影""渐变叠加"样式，如图 3.67 所示。

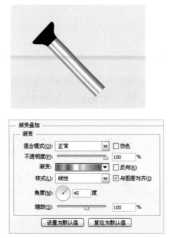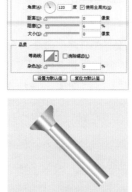

图 3.67

3.4.2　制作手柄的外观

接下来制作手柄的外观。

Step 01 新建"图层 3"图层，使用"钢笔工具"绘制手柄的外观，并填充颜色，然后打开该图层的"图层样式"对话框，在左侧选择"斜面和浮雕"选项，设置参数，如图 3.68 所示。

Step 02 在"图层样式"对话框中，选择"渐变叠加"选项，设置参数，为手柄外形填充质感效果，如图 3.69 所示。

Step 03 制作阴影。新建"图层 4"图层，选择"画笔工具"，设置画笔的颜色比手柄外形的颜色稍暗一些，沿着外形轮廓进行涂抹，制作阴影效果，如图 3.70 所示。

Step 04 新建"图层 5"图层，使用同样的方法在手柄外形上面进行涂抹，然后将该图层的不透明度降低，如图 3.71 所示。

图 3.68

图 3.69

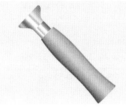

图 3.70　　　　　　　　　　　　　　　　图 3.71

▌3.4.3　制作锤的底部与顶部

接下来制作锤的底部与顶部。

Step01 使用"钢笔工具"绘制手柄底部，然后新建图层，填充颜色，并为其添加"内阴影""渐变叠加"样式，如图 3.72 所示。

图 3.72

Step02 使用"钢笔工具"绘制锤的顶部形状，然后新建图层，填充颜色，并为其添加"内阴影""渐变叠加"样式，如图 3.73 所示。

图 3.73

3.4.4 制作锤钩

接下来制作锤钩。

Step01 使用"钢笔工具"绘制锤钩，然后新建图层，填充颜色，并设置"内阴影""渐变叠加"选项，添加金属效果，如图 3.74 所示。

图 3.74

Step02 使用"钢笔工具"绘制图形，然后新建图层，填充颜色，如图 3.75 所示。

Step03 打开该图层的"图层样式"对话框，为其添加"渐变叠加"效果，增加金属感，使整个图形统一，如图 3.76 所示。

图 3.75

图 3.76

Step04 新建图层，然后选择"画笔工具"，调节不透明度参数，设置前景色为黑色，在图形尖角的地方进行涂抹，加深金属效果，如图 3.77 所示。

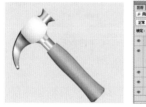

图 3.77

▌3.4.5　制作锤头

接下来制作锤头。

Step01 使用"钢笔工具"绘制锤头，然后新建图层，填充颜色，如图 3.78 所示。

Step02 为锤头添加金属效果。打开该图层的"图层样式"对话框，为其添加"渐变叠加"样式，如图 3.79 所示。

图 3.78　　　　　　　　　　　　　　　　图 3.79

Step03 使用"钢笔工具"绘制图形，然后新建图层，填充颜色，如图 3.80 所示。

Step04 打开该图层的"图层样式"对话框，对其添加"渐变叠加"样式，如图 3.81 所示。

图 3.80　　　　　　　　　　　　　　图 3.81

Step05 选择"画笔工具"，调节不透明度参数，然后设置前景色为黑色，在整体图形需要阴影的地方进行涂抹，如图 3.82 所示。

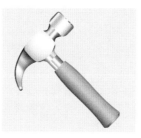

图 3.82

▌3.4.6　制作扳手工具

接下来制作扳手工具。

Step01 使用"钢笔工具"绘制扳手的手柄，并为其添加"内阴影""渐变叠加"样式，如图 3.83 所示。

图 3.83

Step02 新建图层，然后选择"画笔工具"，调节不透明度参数，设置前景色为黑色，在手柄的顶部进行涂抹，绘制阴影效果，如图 3.84 所示。

图 3.84

Step03 使用"钢笔工具"绘制扳手的头部，并为其添加"内阴影""渐变叠加"样式，如图 3.85 所示。

图 3.85

Step04 使用"钢笔工具"在手柄上绘制圆角矩形，并为其添加"内阴影""渐变叠加"样式，如图 3.86 所示。

图 3.86

Step05 选择"画笔工具"，然后调节不透明度参数，设置前景色为黑色，在工具的底部进行涂抹，绘制阴影效果，如图 3.87 所示。

图 3.87

第 4 章

Photoshop 按钮制作

按钮在默认状态下不含边界，也不含背景图，可以是图标或者文字标题，支持自定义样式，例如描边或者添加背景图。通过本章的学习，读者可以了解各种类型按钮的设计与制作。

■ 4.1 简单的水晶方按钮

在本例中将学会使用图层样式工具、钢笔工具、圆角矩形工具、椭圆选框工具等制作简单的水晶方按钮。本例以圆角矩形为基本图形，大量运用了 Photoshop 内置的图层样式效果，使按钮更具真实、自然的触感。本例的最终效果如图 4.1 所示。

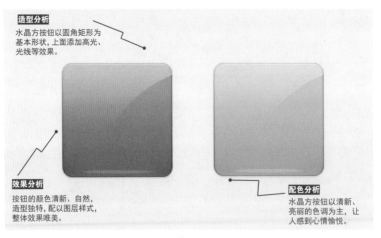

造型分析
水晶方按钮以圆角矩形为基本形状，上面添加高光、光线等效果。

效果分析
按钮的颜色清新、自然，造型独特，配以图层样式，整体效果唯美。

配色分析
水晶方按钮以清新、亮丽的色调为主，让人感到心情愉悦。

图 4.1

■ 4.1.1 制作按钮的外形

图 4.2

首先来绘制按钮的外形。

Step 01 按组合键 Ctrl+N，新建一个空白文档，然后将"背景"图层解锁，转换为"图层 0"图层，为背景填充浅灰色，接着新建"组 1"，并进行重命名，如图 4.2 所示。

Step02 选择工具箱中的"圆角矩形工具"，在图像上方显示的选项栏中设置参数，然后在图像上拖曳绘制圆角矩形框，如图 4.3 所示。

图 4.3

Step03 为按钮添加效果。打开该图层的"图层样式"对话框，选择"斜面和浮雕""内阴影""渐变叠加""内发光""投影""光泽"选项，调节参数，为圆角矩形框添加效果，如图 4.4 所示。

Tips

　　"图层样式"效果名称前面的复选框内有"√"标记的，表示在图层中添加该效果。单击一个效果前面的"√"标记，可以停用该效果，但保留效果的参数。

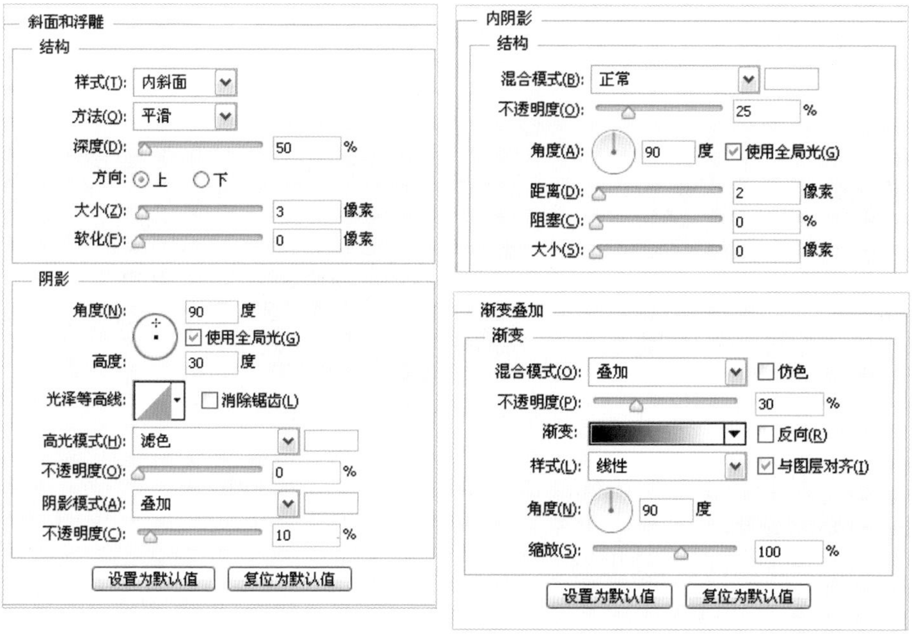

斜面和浮雕
结构
样式(T)：内斜面
方法(Q)：平滑
深度(D)：50 %
方向：⊙上　○下
大小(Z)：3 像素
软化(F)：0 像素

阴影
角度(N)：90 度
☑使用全局光(G)
高度：30 度
光泽等高线：　□消除锯齿(L)
高光模式(H)：滤色
不透明度(O)：0 %
阴影模式(A)：叠加
不透明度(C)：10 %

设置为默认值　复位为默认值

内阴影
结构
混合模式(B)：正常
不透明度(O)：25 %
角度(A)：90 度　☑使用全局光(G)
距离(D)：2 像素
阻塞(C)：0 %
大小(S)：0 像素

渐变叠加
渐变
混合模式(O)：叠加　□仿色
不透明度(P)：30 %
渐变：　□反向(R)
样式(L)：线性　☑与图层对齐(I)
角度(N)：90 度
缩放(S)：100 %

设置为默认值　复位为默认值

图 4.4

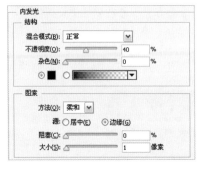
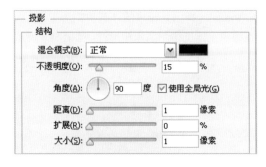

图 4.4（续）

4.1.2 添加阴影和高光

接下来添加按钮的阴影和高光。

Step01 绘制阴影。新建"图层 1"图层，然后选择"画笔工具"，设置前景色为黑色，在图像的下方进行涂抹，如图 4.5 所示，并将该图层的不透明度降低，如图 4.6 所示。

图 4.5   图 4.6

Step02 制作高光。选择工具箱中的"椭圆选框工具"，在选项栏中设置参数，然后在图像上绘制高光形状，如图 4.7 所示。

Step03 将该图层的不透明度降低，如图 4.8 所示。

Step04 选择"钢笔工具"，在选项栏中设置参数，然后选择"形状"选项，在图像上进行绘制，如图 4.9 所示。

图 4.7

图 4.8

图 4.9

Step 05 单击"图层"面板下方的"添加图层蒙版"按钮，为该图层添加蒙版，然后选择"渐变工具"，在选项栏中单击"点按可编辑渐变"按钮　　　　，在弹出的"渐变编辑器"对话框中选择"黑白渐变"，在"形状 1"图像上从下往上拉，将部分图像隐藏，如图 4.10 所示。

Step 06 打开"图层样式"对话框，选择"斜面和浮雕""渐变叠加"选项设置参数，如图 4.11 所示。

图 4.10

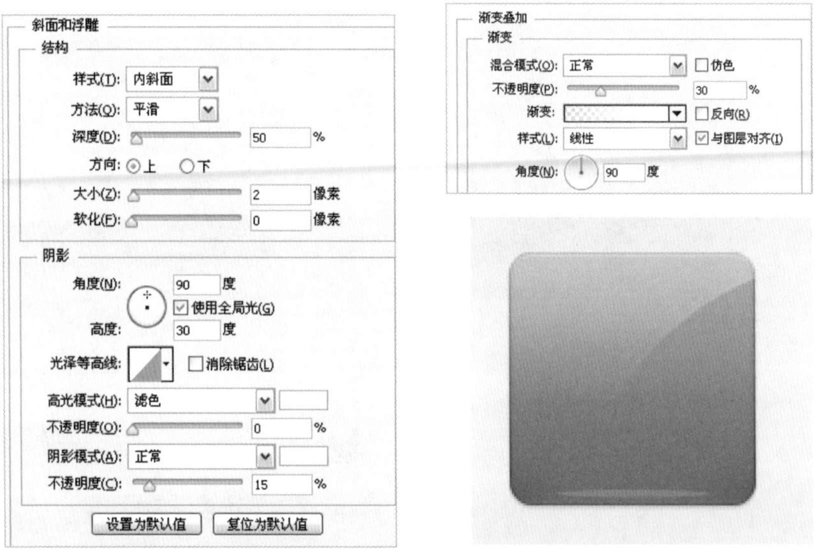

图 4.11

Step07 使用同样的方法绘制绿色按钮，如图 4.12 所示。

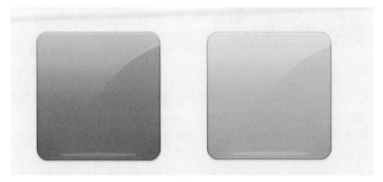

图 4.12

■ 4.2　音乐播放器按钮

在本例中将学会使用图层样式工具、色彩调整工具、圆角矩形工具、钢笔工具、画笔工具等制作音乐播放器按钮。本例以圆角矩形为基本图形，大量运用图层样式效果以及图层混合模式，让播放器按钮变得真实、立体。本例的最终效果如图 4.13 所示。

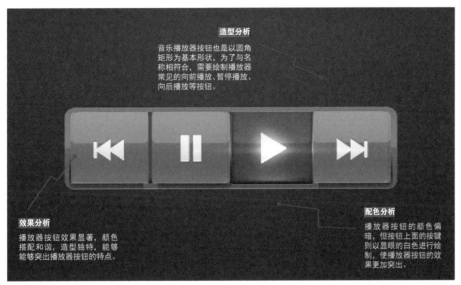

图 4.13

■ 4.2.1　制作背景

首先绘制按钮的背景。

Step01 按组合键 Ctrl+N，打开"新建"对话框，调节参数，新建一个空白文档，如图 4.14 所示。

图 4.14

Step02 在按住 Alt 键的同时双击"背景"图层，将其进行解锁，转换为普通图层，得到"图层 0"图层，为其填充黑色，如图 4.15 所示。

图 4.15

Step03 为背景添加效果。打开该图层的"图层样式"对话框,选择"内发光""渐变叠加"选项,设置参数,为背景添加效果,如图 4.16 所示。

图 4.16

Step04 新建"图层 1"图层,填充黑色,并将"填充"参数降低为 0%,然后打开"图层样式"对话框,选择"内阴影""渐变叠加""内发光"选项,设置参数,为背景添加效果,如图 4.17 所示。

图 4.17

图 4.17（续）

Step05 稍微改变一下背景的色调。单击"图层"面板下方的"创建新的填充或调整图层"按钮，在弹出的下拉列表中选择"照片滤镜"选项，设置参数，为画面增加黄色调，如图 4.18 所示。

图 4.18

Step06 单击"图层"面板下方的"创建新的填充或调整图层"按钮，在弹出的下拉列表中选择"色彩平衡"选项，设置参数，改变画面的色调，如图 4.19 所示。

图 4.19

▌4.2.2　制作播放器的外形

接下来制作播放器的外形。

Step01 选择工具箱中的"圆角矩形工具"，在选项栏中设置半径为 8 像素，在图像上绘制圆角矩形，如图 4.20 所示。

Step02 打开该图层的"图层样式"对话框，选择"内阴影""颜色叠加""渐变叠加""内发光""投影"选项，设置参数，为圆角矩形添加效果，如图 4.21 所示。

图 4.20

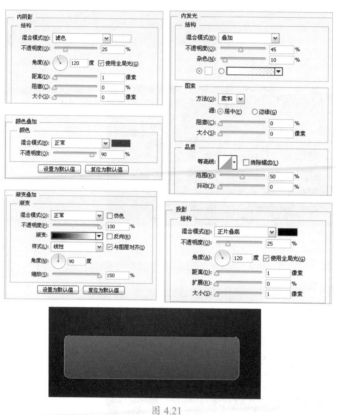

图 4.21

Step03 复制"圆角矩形 1"图层，得到"圆角矩形 1 副本"图层，然后打开"图层样式"对话框，将部分选项的对勾去掉，调整"渐变叠加"选项的参数，如图 4.22 所示。

图 4.22

Step 04 选择"圆角矩形工具",在选项栏中设置半径为 6 像素,在图像上绘制圆角矩形,如图 4.23 所示。

图 4.23

Step 05 制作播放器的立体效果。打开该图层的"图层样式"对话框,分别选择"内阴影""内发光""渐变叠加""颜色叠加"选项,设置参数,如图 4.24 所示。

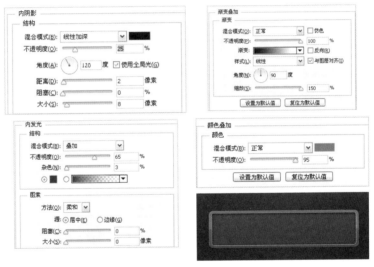

图 4.24

4.2.3　制作按钮底部的背景

接下来制作按钮底部的背景。

Step 01 复制"圆角矩形 2"图层,得到"圆角矩形 2 副本"图层,然后按组合键 Ctrl+T,改变图像的大小,如图 4.25 所示。

图 4.25

Step02 打开"图层样式"对话框，分别对"内阴影""内发光""颜色叠加""投影"选项进行参数调节，如图 4.26 所示。

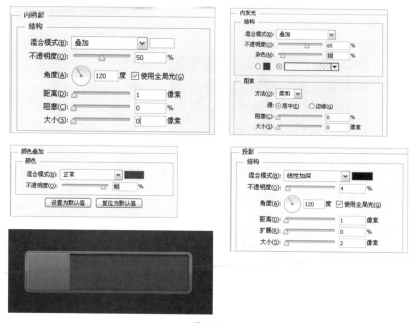

图 4.26

Step03 选择"圆角矩形工具"，在图像上绘制圆角矩形，如图 4.27 所示。

图 4.27

Step04 选择"矩形工具"，在选项栏中选择"减去顶层形状"选项，然后在图像上绘制矩形框，可以将矩形框内的图像减去，如图 4.28 所示。

图 4.28

Step05 选择"圆角矩形 2"图层，右击，选择"拷贝图层样式"命令，然后选择"圆角矩形 3"图层，执行"粘贴图层样式"命令，效果如图 4.29 所示。

图 4.29

Step06 复制"圆角矩形 3"图层,打开复制后图层的图层样式,将部分效果前面的对勾去掉,如图 4.30 所示。

图 4.30

Step07 制作高光。选择"圆角矩形工具",绘制形状,如图 4.31 所示。

图 4.31

Step08 将该图层的"填充"降低为 0%,如图 4.32 所示。

图 4.32

Step09 打开该图层的"图层样式"对话框,选择"渐变叠加"选项,设置参数,如图 4.33 所示。

图 4.33

4.2.4 制作向前播放按钮

接下来制作向前播放按钮。

Step01 选择"钢笔工具",绘制向前播放按钮,如图 4.34 所示。

图 4.34

Step02 选择"形状 1"图层,调节"填充"参数,将其降低为 0%,如图 4.35 所示。

图 4.35

Step03 为向前播放按钮添加效果。打开该图层的"图层样式"对话框,分别对"内阴影""渐变叠加""投影""颜色叠加"选项设置参数,添加图层样式效果,如图 4.36 所示。

图 4.36

图 4.36（续）

Step 04 复制"形状 1"图层，得到"形状 1 副本"图层，然后右击，选择"清除图层样式"命令，效果如图 4.37 所示。

图 4.37

Step 05 打开该图层的"图层样式"对话框，选择"图案叠加"选项，设置参数，为向前播放按钮添加底纹效果，如图 4.38 所示。

图 4.38

4.2.5　绘制高光

接下来绘制按钮的高光。

Step 01 新建"图层 1"图层，选择工具箱中的"画笔工具"，在按钮上绘制高光部分，如图 4.39 所示。

图 4.39

Step02 为"图层 1"图层添加图层蒙版，然后选择工具箱中的"画笔工具"，设置前景色为黑色，在高光上进行涂抹，擦除多余部分，如图 4.40 所示。

图 4.40

Step03 将"图层 1"图层的混合模式设置为"叠加"，如图 4.41 所示。

图 4.41

Step04 选择"圆角矩形 3 副本"图层，打开该图层的"图层样式"对话框，选择"内阴影""渐变叠加"选项，重新调整参数，如图 4.42 所示。

图 4.42

▌4.2.6　制作向后播放按钮

接下来制作向后播放按钮。

Step 01 单击"图层"面板下方的"创建组"按钮，新建"组 1"，然后将向前播放按钮移入"组 1"中，并通过"组 1"前面的眼睛图标进行确认，如图 4.43 所示。

图 4.43

Step 02 将"组 1"进行复制，得到"组 1 副本"，然后按组合键 Ctrl+T，执行"水平翻转"命令，并移动位置，如图 4.44 所示。

图 4.44

▌4.2.7　制作暂停按钮

接下来制作暂停按钮。

Step 01 将"组 1"进行复制，得到"组 1 副本 2"，然后将箭头图标所在的图层删除，并移动位置，如图 4.45 所示。

图 4.45

Tips

　　当对添加了效果的对象进行缩放时，效果仍然保持原来的比例，不会随对象大小的变化而改变。如果要获得与图像比例一致的效果，需要单独对效果进行缩放。选择"图层\图层样式\缩放效果"命令，打开"缩放图层效果"对话框，在其中可以设置缩放值。

Step 02 制作按钮。选择"圆角矩形工具"，在选项栏中设置半径为 2 像素，然后在图像上绘制暂停按钮，如图 4.46 所示。

图 4.46

Step 03 选择"形状 1"图层，右击，选择"拷贝图层样式"命令，然后再选择"圆角矩形 5"图层，右击，选择"粘贴图层样式"命令，为暂停按钮添加图层样式，如图 4.47 所示。

图 4.47

Step 04 复制"圆角矩形 5"图层，得到"圆角矩形 5 副本"图层，然后将"形状 1 副本"图层的图层样式进行复制，粘贴到"圆角矩形 5 副本"图层，为其添加图案效果，如图 4.48 所示。

图 4.48

Step 05 再次复制"组 1"，选择"圆角矩形 2 副本"图层，打开"图层样式"对话框，分别对"内阴影""内发光""渐变叠加""投影""颜色叠加"选项进行参数的调整，如图 4.49 所示。

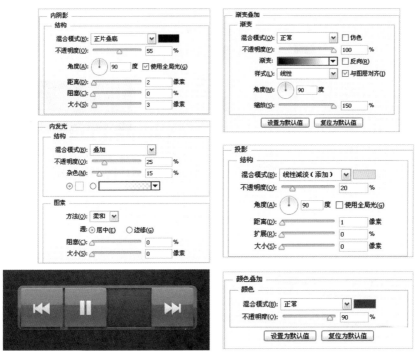

图 4.49

Step06 选择"圆角矩形 3"图层，打开"图层样式"对话框，分别对"内阴影""渐变叠加""投影"选项进行参数的调整，如图 4.50 所示。

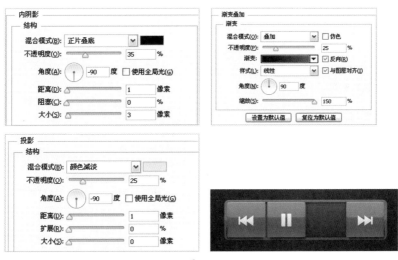

图 4.50

Step07 选择"圆角矩形 3 副本"图层，打开"图层样式"对话框，将"图案叠加""渐变叠加""投影"选项前面的对勾去掉，然后选择"内阴影"选项，调节参数，如图 4.51 所示。

图 4.51

Step08 选择"圆角矩形 4"图层,打开"图层样式"对话框,然后选择"渐变叠加"选项,重新设置参数,并将其余效果前面的对勾去掉,如图 4.52 所示。

图 4.52

4.2.8 制作电源亮光

接下来制作电源亮光。

Step01 选择"圆角矩形工具",在选项栏中设置半径为 2 像素,然后在按钮上绘制亮光部分,如图 4.53 所示。

Step02 选择"圆角矩形 6"图层,打开"图层样式"对话框,选择"渐变叠加"选项,设置参数,为亮光添加渐变色,如图 4.54 所示。

图 4.53

图 4.54

Step03 将"圆角矩形 6"图层进行复制，得到"圆角矩形 6 副本"图层，并移动位置，如图 4.55 所示。

图 4.55

▌4.2.9　制作播放按钮

接下来制作播放按钮。

Step01 选择工具箱中的"钢笔工具"，绘制播放按钮，并将该图层的"填充"参数降低为 0%，如图 4.56 所示。

图 4.56

Step02 打开"图层样式"对话框，选择"颜色叠加""外发光""投影"选项进行参数的调节，为播放按钮添加发光效果，如图 4.57 所示。

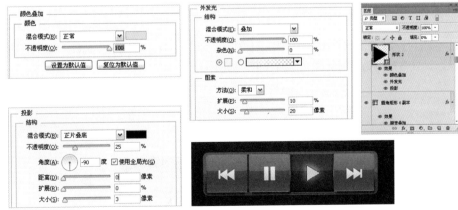

图 4.57

Step 03 复制"形状 2"图层，打开"图层样式"对话框，对"内阴影""图案叠加"选项进行参数的调整，为其添加图案效果，如图 4.58 所示。

图 4.58

Step 04 新建"图层 3"图层，然后选择"画笔工具"，设置前景色为白色，在播放按钮的底部绘制亮光，并将该图层的混合模式设置为"颜色减淡"，如图 4.59 所示。

图 4.59

Tips

图层混合模式中的颜色减淡模式与颜色加深模式效果相反，它通过减小对比度来加亮底层的图像，使图像变得更加饱和。

Step 05 新建"图层 4"图层，选择柔角画笔，设置前景色为白色，在按住 Shift 键的同时绘制中间的高光，如图 4.60 所示。

图 4.60

Step 06 打开"图层 4"图层的"图层样式"对话框，在左侧列表中选择"渐变叠加"选项，设置参数，为中间的高光增加效果，如图 4.61 所示。

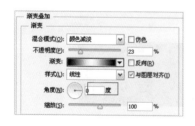

图 4.61

Step07 新建"图层 5"图层，选择柔角画笔，设置前景色为白色，在按住 Shift 键的同时绘制中间的高光，如图 4.62 所示。

Step08 打开"图层 5"图层的"图层样式"对话框，在左侧列表中选择"渐变叠加"选项，设置参数，为中间的高光增加效果，如图 4.63 所示。

图 4.62

Step09 复制"图层 5"图层，得到"图层 5 副本"图层，增强高光效果，如图 4.64 所示。

图 4.63　　　　　　　　　　　　　　　　　图 4.64

4.3　日历界面

在本例中将学会制作日历界面，通过使用圆角矩形工具、矩形工具、横排文字工具、多边形工具以及图层样式工具来制作日历界面，本例的最终效果如图 4.65 所示。

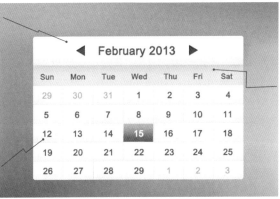

图 4.65

4.3.1　制作日历的背景

首先制作日历的背景。

Step01 选择"文件\打开"命令或按组合键 Ctrl+O，弹出"打开"对话框，选择 4.3.jpeg 文件，然后将"背景"图层进行解锁，转换为"图层 0"图层，如图 4.66 所示。

图 4.66

Step 02 单击"图层"面板下方的"创建新的填充或调整图层"按钮，在弹出的对话框中选择"色相 / 饱和度"命令，调节参数，改变画面的色调，如图 4.67 所示。

图 4.67

4.3.2 制作日历界面

接下来制作日历界面。

Step 01 选择工具箱中的"圆角矩形工具"，在选项栏中设置半径为 3 像素，设置前景色为浅灰色，在图像上绘制圆角矩形，如图 4.68 所示。

图 4.68

Step 02 将"圆角矩形 1"图层进行复制，按组合键 Ctrl+T，改变大小，并设置颜色为浅白色，如图 4.69 所示。

图 4.69

Step03 双击该图层，打开"图层样式"对话框，选择"内阴影""渐变叠加""投影"
选项进行参数的调节，如图 4.70 所示。

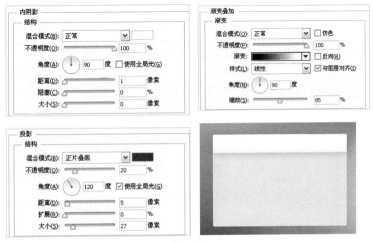

图 4.70

4.3.3　制作日期显示框

接下来制作日期显示框。

Step01 选择工具箱中的"矩形工具"，设置前景色为黑色，在图像上绘制矩形框，如
图 4.71 所示。

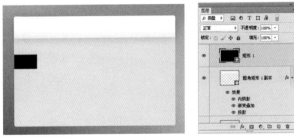

图 4.71

Step 02 双击该图层，打开"图层样式"对话框，选择"内阴影""渐变叠加"选项进行参数的调节，如图 4.72 所示。

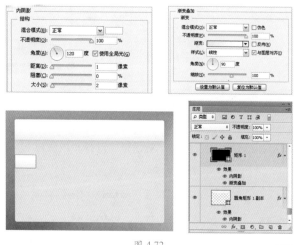

图 4.72

Step 03 将"矩形 1"图层进行复制，得到"矩形 1 副本"图层，并移动位置，如图 4.73 所示。

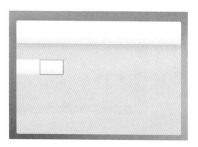

图 4.73

Step 04 使用同样的方法不断进行复制，得到多个图层，制作出日历中日期所出现的所有矩形框，如图 4.74 所示。

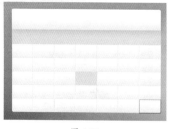

图 4.74

Tips

这一步主要是制作日历中日期的背景框，在将矩形框复制后，按住 Shift 键可以对矩形框进行水平移动。

Step 05 为当前日期添加效果。将 15 号矩形框的颜色设置为黑色，然后双击该图层，打开"图层样式"对话框，选择"内阴影""渐变叠加"选项进行参数的调节，如图 4.75 所示。

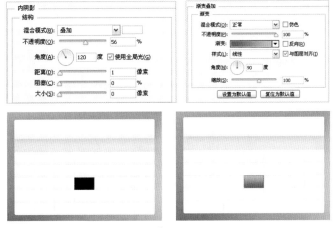

图 4.75

4.3.4 输入日期

接下来输入日期。

Step01 选择工具箱中的"横排文字工具",在月份显示框上输入月份和年份文字,如图 4.76 所示。

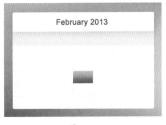

图 4.76

Tips
　　在改变文字的颜色时,需要使用"横排文字工具"将文字选中,然后在选项栏或"字符"面板中改变文字的颜色属性。

Step02 为文字添加投影效果。双击文字所在的图层,打开"图层样式"对话框,选择"投影"选项,设置参数,为文字添加投影效果,如图 4.77 所示。

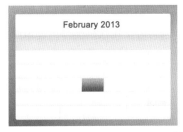

图 4.77

Step03 选择"横排文字工具",输入文字(在输入文字的时候按空格键可将字与字隔开),如图 4.78 所示。

Step04 选择"横排文字工具",输入文字(在输入上个月份的日期时需要将字体的颜色调整得稍微淡一些),如图 4.79 所示。

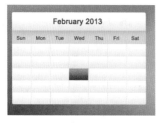

图 4.78   图 4.79

Step05 使用同样的方法将所需的日期都输入图像中,并将 15 号文字的颜色设置为白色,如图 4.80 所示。

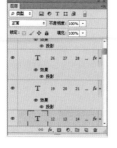

图 4.80

Tips

在输入文字时如果要换行,可以按 Enter 键;如果要移动文字的位置,可以将光标放在字符以外,单击并拖动鼠标。

4.3.5 制作翻阅按钮

接下来制作翻阅按钮。

Step01 绘制向前一月翻阅按钮。选择工具箱中的"多边形工具",在选项栏中设置边数为 3,在图像上绘制三角形,然后打开该图层的"图层样式"对话框,选择"内阴影"选项,设置参数,为其添加效果,如图 4.81 所示。

Step02 绘制向后一月翻阅按钮。将"形状 1"图层进行复制,得到"形状 1 副本"图层,然后按组合键 Ctrl+T 自由变换,在控制框内右击,在弹出的快捷菜单中选择"水平翻转"命令,将按钮进行翻转,并移动位置,完成效果如图 4.82 所示。

图 4.81   图 4.82

第 5 章

Photoshop 输入框和列表设计

　　输入框常用于资料的填写、搜索和发布内容的输入，其高度固定，包含圆角，当用户单击它时将自动唤醒输入键盘。输入框可以包含系统提供的按钮，可以展示多种文字样式，可以用来获取用户输入的少量信息。列表中展示了与用户触发的操作直接相关的一系列选项，由用户的某个操作行为所触发，使用户的操作更加清晰、方便。

■ 5.1　搜索界面输入框

　　在本例中将学会制作搜索界面输入框。本例以矩形为基本形状，通过使用矩形选框工具、圆角矩形工具、横排文字工具、钢笔工具以及图层样式工具来制作，并且大量使用钢笔工具绘制各种类型的图标，使制作出来的效果更加逼真，本例的最终效果如图 5.1 所示。

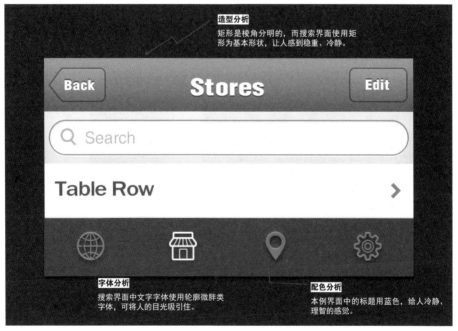

图 5.1

▊ 5.1.1 制作搜索界面的背景

图 5.2

首先制作背景。

Step01 建立文件。选择"文件\新建"命令，创建大小为 800×600 像素、分辨率为 300 像素 / 英寸的文档，然后单击工具箱中的前景色图标，打开"拾色器（前景色）"对话框，设置参数，改变前景色为深灰色，为背景填充前景色，如图 5.2 所示。

Step02 新建参考线。按组合键 Ctrl+R，打开"标尺工具"，从垂直刻度尺中拉出参考线，如图 5.3 所示。

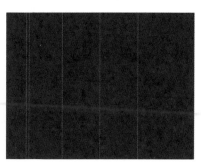

图 5.3

> **Tips**
> 选择"视图\锁定参考线"命令可以锁定参考线的位置，防止参考线被移动。去掉该命令前的对勾即可取消锁定。

Step03 应用智能滤镜。选择"图层 0"图层，右击，选择"转换为智能对象"命令，然后选择"滤镜\杂色\添加杂色"命令，在弹出的对话框中设置参数，为背景添加杂色，如图 5.4 所示。

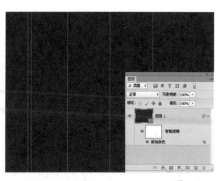

图 5.4

▊ 5.1.2 制作标题栏

接下来制作标题栏。

Step01 建立矩形选框。选择工具箱中的"矩形选框工具"，在图像上拖曳绘制矩形选区，如图 5.5 所示。

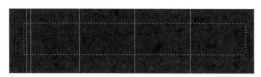

图 5.5

Step02 填充渐变。新建"图层 1"图层，然后选择工具箱中的"渐变工具"，在"渐变编辑器"对话框中设置渐变色，为选区填充渐变并取消选区，如图 5.6 所示。

图 5.6

Step03 添加杂色。选择"图层 1"图层，右击，选择"转换为智能对象"命令，然后选择"滤镜 \ 杂色 \ 添加杂色"命令，在弹出的对话框中设置参数，如图 5.7 所示。

图 5.7

Step04 输入文字。选择"横排文字工具"，输入文字，然后打开该文字图层的"图层样式"对话框，选择"投影"选项，设置参数，为文字添加投影效果，如图 5.8 所示。

图 5.8

■ 5.1.3　制作按钮

接下来制作按钮。

Step01 绘制返回图标。选择"钢笔工具"，绘制返回图标，并将"填充"降低为 0%，然后为其添加"描边""内阴影""渐变叠加"样式，如图 5.9 所示。

图 5.9

Step02 输入返回字样。选择工具箱中的“横排文字工具”，在图像上输入文字，然后打开“图层样式”对话框，选择“投影”选项，设置参数，为文字添加投影效果，如图 5.10 所示。

图 5.10

Step03 绘制主菜单图标。选择“圆角矩形工具”，在选项栏中设置半径为 10 像素，然后绘制圆角矩形，将“填充”降低为 0%，粘贴返回图标的图层样式效果，如图 5.11 所示。

图 5.11

Step04 输入主菜单字样。使用同样的方法输入文字，然后粘贴返回字样的图层样式效果，为该文字添加投影效果，如图 5.12 所示。

图 5.12

Step05 绘制搜索栏。选择"矩形工具"，在图像上绘制矩形框，如图 5.13 所示。

图 5.13

Step06 添加效果。选择"矩形 1"图层，打开"图层样式"对话框，选择"内阴影""渐变叠加"选项，设置参数，如图 5.14 所示。

图 5.14

▍5.1.4 制作搜索栏

接下来制作搜索栏。

Step 01 选择"圆角矩形工具",在选项栏中设置参数为 20 像素,然后在图像上绘制圆角矩形,如图 5.15 所示。

图 5.15

Step 02 添加效果。打开该圆角矩形的"图层样式"对话框,选择"内阴影""投影""描边"选项,调节参数,如图 5.16 所示。

图 5.16

Step 03 绘制搜索图标。选择"钢笔工具",绘制搜索图标,如图 5.17 所示。

图 5.17

Step04 选择"横排文字工具"，设置颜色为淡灰色，在图像上单击并输入 Search 字样的文字，如图 5.18 所示。

图 5.18

Step05 选择"矩形工具"，在图像上绘制矩形框，此时在"图层"面板中生成了"矩形 2"图层，如图 5.19 所示。

图 5.19

Step06 打开"图层样式"对话框，选择"投影"选项，设置参数，为该矩形框添加效果，如图 5.20 所示。

图 5.20

Step07 输入文字并绘制符号。选择"横排文字工具"输入文字，选择"钢笔工具"绘制符号，如图 5.21 所示。

图 5.21

5.1.5 制作菜单栏

接下来制作菜单栏。

Step01 选择"矩形工具"，在图像上绘制菜单栏，如图 5.22 所示。

Step02 打开"图层样式"对话框，选择"投影"选项，设置参数，为该矩形框添加效果，如图 5.23 所示。

图 5.22   图 5.23

Step03 添加杂色。选择"图层 1"图层，右击，选择"转换为智能对象"命令，然后选择"滤镜\杂色\添加杂色"命令，在弹出的对话框中设置参数，添加杂色效果，如图 5.24 所示。

图 5.24

Step04 绘制世界图标。选择"钢笔工具"，绘制世界图标，如图 5.25 所示。

图 5.25

Step05 添加效果。依次选择"内阴影""渐变叠加""斜面和浮雕""投影"选项进行参数的调节，添加效果，如图 5.26 所示。

图 5.26

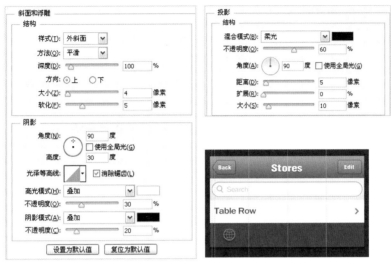

图 5.26（续）

Step06 绘制其他图标。使用同样的方法分别绘制商店、地理位置、设置图标，并为其粘贴世界图标的图层样式效果，完成效果如图 5.27 所示。

图 5.27

5.2　通知列表

在本例中将学会制作通知列表，通过使用圆角矩形工具、钢笔工具、矩形工具、横排文字工具以及图层样式工具制作具有立体美感的通知列表界面，本例的最终效果如图 5.28 所示。

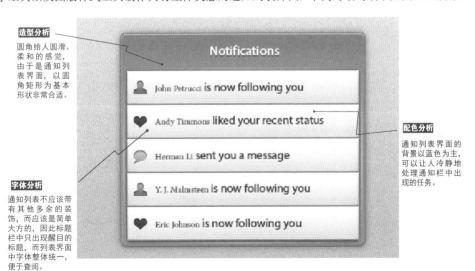

造型分析

圆角给人圆滑、柔和的感觉，由于是通知列表界面，以圆角矩形为基本形状非常合适。

字体分析

通知列表不应该带有其他多余的装饰，而应该是简单大方的，因此标题栏中只出现醒目的标题，而列表界面中字体整体统一，便于查阅。

配色分析

通知列表界面的背景以蓝色为主，可以让人冷静地处理通知栏中出现的任务。

图 5.28

5.2.1 制作通知列表的背景

首先制作通知列表的背景。

Step01 建立文件。选择"文件\新建"命令，创建宽度为 400 像素、高度为 300 像素、分辨率为 300 像素 / 英寸的文档，然后设置前景色的颜色，按组合键 Alt+Delete 为背景填充颜色，如图 5.29 所示。

图 5.29

Tips

选择"视图\新建参考线"命令，打开"新建参考线"对话框，在"取向"选项中选择创建水平参考线或垂直参考线，在"位置"选项中输入参考线的精确位置，单击"确定"按钮，即可在指定位置创建参考线。

Step02 复制"图层 0"图层，得到"图层 0 副本"图层，然后右击，选择"转换为智能对象"命令。选择"滤镜\杂色\添加杂色"命令，在弹出的对话框中设置参数，为背景添加杂色，如图 5.30 所示。

图 5.30

Step03 绘制矩形框。选择"圆角矩形工具"，设置前景色为蓝色，在图像上绘制矩形框，并将"填充"降低为 0%，如图 5.31 所示。

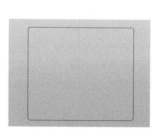

图 5.31

Step04 添加外发光效果。打开"图层样式"对话框，选择"外发光"选项，设置参数，如图 5.32 所示。

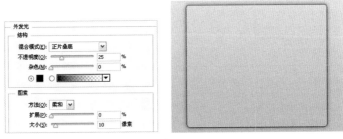

图 5.32

Step05 为该图层添加图层蒙版，然后选择"圆角矩形工具"，在图像上建立圆角矩形，并为其填充黑色，使其隐藏，如图 5.33 所示。

图 5.33

Step06 将该圆角矩形复制，然后将"图层"面板中的"填充"还原到 100%，使圆角矩形原本的蓝色重新显示出来，如图 5.34 所示。

图 5.34

Step07 打开"图层样式"对话框，在左侧列表中分别选择"内阴影""光泽""斜面和浮雕""图案叠加""外发光"选项，设置参数，如图 5.35 所示。

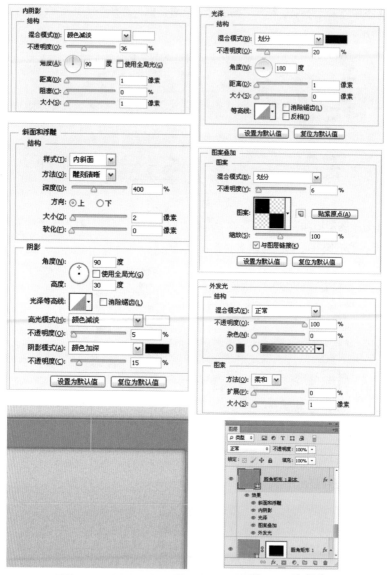

图 5.35

▌5.2.2　添加高光

接下来添加高光。

Step01 选择"矩形工具"，在图像上绘制矩形框，并将"填充"降低为 0%，如图 5.36 所示。

Step02 打开"图层样式"对话框，选择"渐变叠加"选项，设置参数，为图像添加渐变叠加效果，然后将该图层选中，右击，选择"创建剪贴蒙版"命令，如图 5.37 所示。

图 5.36

图 5.37

Step 03 选择"矩形工具",在图像边框的左侧框架上绘制矩形框,然后为其添加渐变叠加效果,如图 5.38 所示。

图 5.38

Step 04 将该图层复制 3 次,为右侧框架和上、下框架分别添加高光,可使用"自由变换"命令进行调整,如图 5.39 所示。

图 5.39

▌5.2.3　制作列表的内部

接下来制作列表的内部。

Step01 选择"圆角矩形工具"，在选项栏中设置半径为3像素，然后在图像上进行绘制，如图 5.40 所示。

图 5.40

Step02 添加内部效果。打开"图层样式"对话框，分别选择"内发光""外发光""斜面和浮雕""等高线"选项进行调节，如图 5.41 所示。

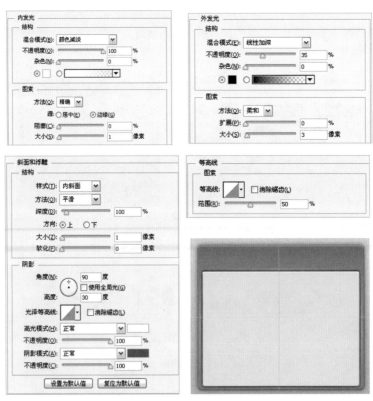

图 5.41

Step03 将该图层复制，打开"图层样式"对话框，重新设置"斜面和浮雕""等高线""内阴影""内发光"等选项的参数，如图 5.42 所示。

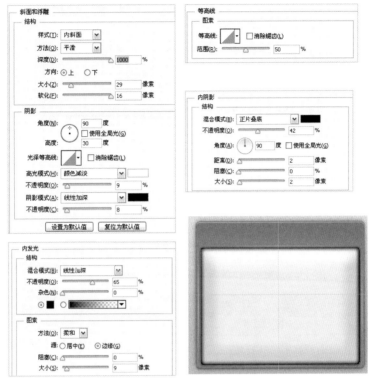

图 5.42

5.2.4　制作列表通知栏

接下来制作列表通知栏。

Step01 选择"矩形工具"，在图像上进行绘制，然后打开"图层样式"对话框，在左侧列表中分别选择"渐变叠加""斜面和浮雕"选项，调节参数，为矩形框添加立体效果，如图 5.43 所示。

图 5.43

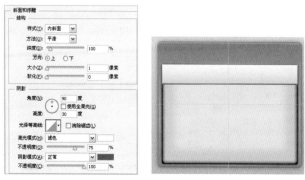

图 5.43（续）

Step 02 绘制高光。选择"矩形工具"，设置前景色为黑色，在刚才所绘的矩形框的底部进行绘制，完成后将该图层的不透明度降低为 50%，如图 5.44 所示。

Step 03 复制多个列表框。将刚才绘制的列表框移至组内，将组进行多次复制，然后在图像上移动位置，形成列表框形式，如图 5.45 所示。

Step 04 输入文字。选择"横排文字工具"，在图像上输入文字，并改变文字的大小和位置，如图 5.46 所示。

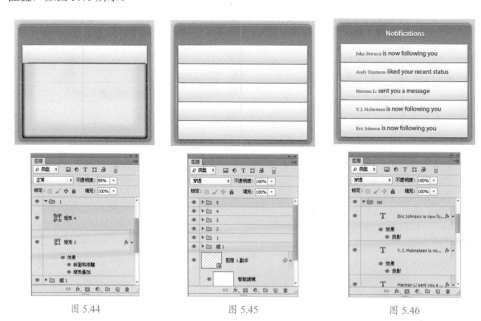

图 5.44　　　　　　　　　　图 5.45　　　　　　　　　　图 5.46

▌5.2.5　制作图标

接下来制作图标。

Step 01 绘制联系人图标。选择"钢笔工具"，绘制联系人图标，然后打开"图层样式"对话框，在左侧列表中分别选择"投影""内阴影""渐变叠加"选项进行参数的调节，为其添加效果，如图 5.47 所示。

图 5.47

Step02 复制图标。将该图层进行复制并移动位置，如图 5.48 所示。

Step03 绘制其他图标。选择"钢笔工具"，绘制其他图标，并将联系人图标所在图层的图层样式进行复制，粘贴到该图层，如图 5.49 所示。

图 5.48　　　　　　　　　　　　　　　　　　　图 5.49

Step04 绘制心形图标。选择"自定形状工具"，然后选择心形形状，在图像上进行绘制，并使用同样的方法为其粘贴图层样式效果，接着将心形图层进行复制并移动位置，如图 5.50 所示。

图 5.50

第6章
After Effects动画制作

本章通过对 After Effects 基础知识的学习认识 UI 动效的基本动画制作方法。UI 动效是一个分层制作的动画综合体,巧妙运用时间节点可以将简单的动态叠加成精彩的视觉效果。

■ 6.1　了解 AE

AE 是 Adobe 公司开发的一个视频剪辑与设计软件,是制作动态影像不可或缺的辅助工具,是进行视频后期合成处理的专业非线性编辑软件,如图 6.1 所示。AE 的应用范围广泛,涵盖影片、广告、多媒体以及网页等,现在流行的计算机游戏很多都是使用它合成制作的。

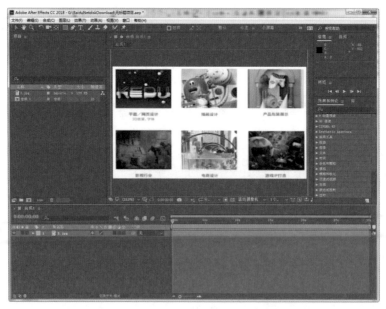

图 6.1

AE 借鉴了许多优秀软件的成功之处,将视频特效合成上升到了新的高度,Photoshop 中"层"的引入,使 AE 可以对多层的合成图像进行控制,制作出天衣无缝的合成效果;关键帧、路径的引入,使人们对控制高级的二维动画游刃有余;高效的视频处理系统,确保了高质量视频的输出;令人眼花缭乱的特技系统,使 AE 能实现使用者的一切创意;AE 同样保留有 Adobe 优秀的软件兼容性。AE 可以非常方便地调入 Photoshop 和

Illustrator 的层文件；Premiere 的项目文件也可以近乎完美地再现于 AE 中，甚至可以调入 Premiere 的 EDL 文件。目前还能将二维和三维在一个合成中灵活地混合起来。使用三维的帧切换可以随时把一个层转化为三维的；二维和三维的层都可以水平或垂直移动，三维的层可以在三维空间中进行动画操作，并且保持与灯光、阴影和相机的交互影响。AE 支持大部分的音频、视频、图文格式，甚至还能将记录三维通道的文件调入进行更改。图 6.2 所示为 AE 与 C4D 结合使用的案例。

图 6.2

■ 6.2　AE 的工作界面

　　AE 的工作界面主要由菜单栏、工具栏、效果控件窗口、项目窗口、合成窗口、时间线窗口以及其他面板等组成，如图 6.3 所示。在本章中将针对 AE 最基础的菜单、窗口和面板，介绍它们的界面分布、操作方法和相关技巧。

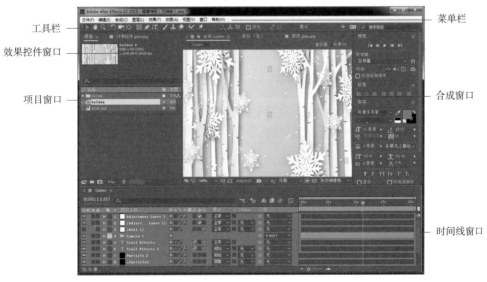

图 6.3

1. 菜单栏

在 AE 界面的顶部为菜单栏，其中包含了程序中的大部分命令。

2. 工具栏

AE 界面中菜单栏的下方为工具栏，如果在工作界面中没有工具栏，可以直接按组合键 Ctrl+1 将其打开。AE 的工具栏由选取工具、旋转工具、绘画工具、视图操控工具、坐标系工具组成。

3. 效果控件窗口

给素材添加效果将在该窗口中进行参数的设置。

4. 项目窗口

素材文件在项目窗口中显示。

5. 合成窗口

对合成编辑的结果会在合成窗口中显示出来。

6. 时间线窗口

在时间线窗口中显示了各个图层的多种属性，用户可以通过对它们进行调节来修改动画，并可以清楚地了解图层和关键帧与时间之间的关系。AE 在动画合成和视觉特效方面具有很高的效率。

■ 6.3　导入素材

一谈到视频的拍摄，大家首先想到的是设计剧本，实际上拍摄视频首先需要组建一个团结、高效的团队，只有借助众人的智慧才能将视频打造得更加完美。

▌6.3.1　导入单个素材

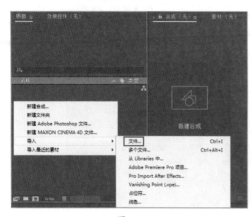

图 6.4

AE 作为影视后期编辑软件，其大部分工作是在前期拍摄或者三维软件制作的画面的基础上进行的，因此导入素材是开始合成的第一步。

Step01 开启 AE 后，在项目窗口中的空白处右击，在弹出的快捷菜单中选择"导入\文件"命令，如图 6.4 所示，将会弹出"导入文件"对话框，在该对话框中选择一个视频文件，单击"打开"按钮，完成导入文件的操作。

Step02 在项目窗口中可以看到素材已

经被导入进来。在该窗口中还可以预览素材以及了解对象
的属性，如图 6.5 所示。

■6.3.2　一次导入多个素材

在 AE 中可以一次导入多个素材。

方法 1：选择"文件\导入\文件"命令，在弹出的"导入文件"对话框中选择文件的同时结合使用 Ctrl 键和 Shift 键，可以在同一个文件夹中选择多个文件进行导入。

图 6.5

如果要从不同的文件夹中导入多个文件，需要选择"文件\导入\多个文件"命令。

方法 2：建立一个新的项目，选择"文件\导入\多个文件"命令，弹出"导入多个文件"对话框，选择要导入的文件，单击"打开"按钮，导入文件。

与"导入\文件"命令不同的是，"导入\多个文件"命令在导入一个文件后，"导入多个文件"对话框会保持打开状态，在该对话框中可以继续选择要导入的文件，单击"打开"按钮，导入文件。当需要的文件全部导入后，单击"完成"按钮，完成导入文件的操作。

■6.3.3　导入文件夹

在 AE 中不仅可以导入文件，还可以导入文件夹。

Step01 建立一个新的项目，选择"文件\导入\文件"命令，弹出"导入文件"对话框，选择要导入的文件夹。

Step02 单击"导入文件夹"按钮，文件夹中的文件被分别当作单帧图片导入，放在项目窗口的文件夹中。

Step03 选择要导入的文件夹，将其拖动到项目窗口中，文件夹中的所有文件将作为一个图像序列导入。

■6.3.4　替换素材

用户可以对已经导入的文件进行替换。

Step01 在项目窗口中选择要被替换的文件，右击，在弹出的快捷菜单中选择"替换素材\文件"命令，弹出"替换素材文件"对话框。

Step02 选择要替换的文件，单击"打开"按钮，在项目窗口中可以看到原来的文件已经被替换。

■6.4　创建合成

在将素材文件导入 AE 后，需要加入合成中进行编辑。大家可以把合成理解成一个

操作台,在之上运用各种工具对各种原材料进行分解、变换、修改、融合等操作,最终才能形成完整的作品。

▌6.4.1 建立一个合成

图 6.6

建立一个合成最基本的方法是选择"合成\新建合成"命令,在弹出的"合成设置"对话框中设置合成的名称,在"基本"选项卡中设置宽度和高度、像素长宽比、时间长度以及帧速率等属性,单击"确定"按钮完成创建,如图 6.6 所示。AE 会自动打开所创建合成的时间线窗口和合成窗口,并且在项目窗口中显示刚创建的合成,如图 6.7 所示。

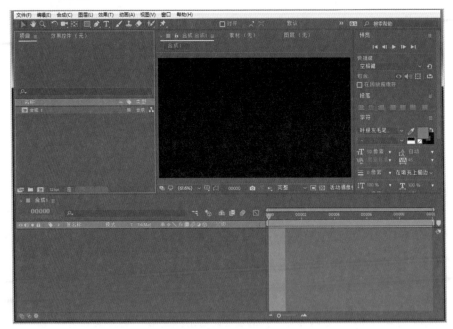

图 6.7

▌6.4.2 用其他方式建立合成

打开 AE 软件,导入配套素材中的任一素材。在项目窗口中选择单个或多个素材文件,拖动到项目窗口下面的![按钮]按钮上并释放鼠标左键,然后在"合成设置"对话框中设置相关属性,单击"确定"按钮,这样就会自动以该文件为基础建立一个合成。

■ 6.5　时间线操作

有了时间线窗口，使得 AE 在动画合成和视觉特效方面具有很高的效率，而作为以节点为基础的后期合成软件，虽然很容易看清渲染顺序，但是调整对象的时间比较困难。

在时间线窗口中可以清楚地了解图层和关键帧与时间之间的关系。

在 AE 中可以利用快捷键和快捷菜单等途径来完成相关操作，以提高效率，这些方法需要大家在平时逐渐学习和积累。

时间线窗口分为图层控制区和时间线工作区两大部分。在图层控制区中对图层进行控制，在时间线工作区中对时间进行编辑，如图 6.8 所示。

图 6.8

▌ 6.5.1　时间线窗口和合成

在时间线窗口中可以叠放多个合成。用户可以单击一个合成的标签，使它成为当前合成，如果在项目窗口中对合成设置了颜色，那么在时间线窗口中该合成的标签将以所设置的颜色显示，如图 6.9 所示。

如果要在时间线窗口中关闭某个合成的显示，可以单击合成标签上的 × 按钮；如果要打开某个合成的时间线窗口，可以在项目窗口中双击该合成，如图 6.10 所示。

　　　　图 6.9　　　　　　　　　　　　　　图 6.10

▌ 6.5.2　时间的定位

在时间线窗口中时间指针用来指示当前的时间点，用户可以直接用鼠标拖动时间指针来指定当前的时间点，精确地在时间栏中显示时间数值。

如果要精确地指定时间点，可以单击时间线窗口左上方的蓝色时间栏，然后在其中输入时间点，如图 6.11 所示。

图 6.11

按快捷键 I 则定位时间指针于所选择图层的入点；按快捷键 O 则定位时间指针于所选择图层的出点。

按组合键 Shift+Home 可将时间指针定位于合成的起点；按 Shift+End 组合键可将时间指针定位于合成的终点。

在时间线窗口中的可见关键帧之间移动，按快捷键 J 为选择前一关键帧，按快捷键 K 为选择后一关键帧。

6.6 AE 的图层操作

Adobe 公司首先在 Photoshop 中引入图层的概念，然后在影视特效后期编辑软件——AE 中也引入了这一概念，只不过它的图层可以看作动画图层。

在 AE 中图层自下而上层层叠加，最终形成完整的图像。如果读者对 Photoshop 比较熟悉，那么对图层应该不会陌生。图层是一个合成最为基础的结构。

在时间线窗口中单击图层名称左侧的 ▶ 按钮使其呈 ▼ 状态，可以展开该图层的属性，如图 6.12 所示。

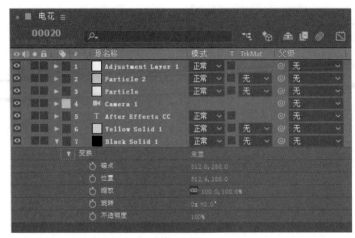

图 6.12

将项目窗口中的素材拖动到时间线窗口中，可以在时间线窗口中将素材建立成图层；在项目窗口中直接将素材拖动到合成文件图标上，可以将文件加入合成中。

6.6.1　建立文字图层

在 AE 中除了可以从外部导入一些文件建立图层以外，程序自身也可以建立图层，例如建立文字图层。

启动 AE，按组合键 Ctrl+N 新建一个合成。在时间线窗口中的空白处右击，在弹出的快捷菜单中选择"新建\文字"命令，建立一个文字图层，然后在合成窗口中输入"文字图层"。

用户也可以单击工具栏中的文字工具 **T**，在合成窗口中输入文字。在时间线窗口中会自动建立文字图层，如图 6.13 所示。

图 6.13

6.6.2　创建纯色层

在时间线窗口中的空白处右击，在弹出的快捷菜单中选择"新建\纯色"命令（也可以直接按组合键 Ctrl+Y）创建纯色图层。用户可以在弹出的"纯色设置"对话框中设置图层的名称、大小、像素长宽比以及颜色等属性，如图 6.14 所示。

图 6.14

■ 6.7　导出动画

图 6.15

下面介绍如何输出动画，动画的输出要看选择在哪个媒介中播放，如果是大屏幕，那么需要高清输出；如果只是手机播放，则要生成 H5 规格的视频。

Step 01 这里设置 10 秒的动画，需要将整个动画的时长设置为 10 秒。按组合键 Ctrl+K，打开"合成设置"对话框，设置"持续时间"为 0.00.10.00，如图 6.15 所示。

Step 02 选择"文件\导出\添加到渲染队列"命令，准备导出动画，如图 6.16 所示。

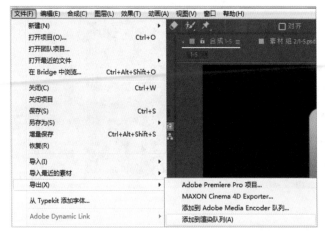

图 6.16

Step 03 此时在时间线窗口中增加了"渲染设置"和"输出模块"选项，通过它们可以对导出的动画格式、画质以及文件保存的位置进行设置，如图 6.17 所示。

图 6.17

Step 04 单击"输出模块"右侧的"无损"二字，打开"输出模块设置"对话框，设置需要的格式，如果想要背景镂空（做表情包），可以选择 RGB+Alpha 选项，如图 6.18 所示。单击"尚未指定"选项，可以打开"将影片输出到"对话框，设置动画的输出文件名，如图 6.19 所示。最后单击时间线窗口右上角的"渲染"按钮，对动画进行最终渲染。至此完成了第一个 MG 动画。

图 6.18

图 6.19

6.8　AE 的关键帧操作

基于图层的动画大多使用关键帧来进行操作，变换是对图层属性的改变，也就意味着图层之间层的变换。图层在 AE 中用来区分各个图像，如果修改图层，则最终画面将会随之改变。

6.8.1　在时间线窗口中查看属性

下面学习如何在时间线窗口中查看图层的属性。

Step01 选择"文件\打开项目"命令，打开"关键帧.aep"文件，如图 6.20 所示。这是一个典型的分层动画。

图 6.20

Step 02 将光标移动到时间线窗口中选择图层 1，然后单击该图层左侧的小三角形按钮，将图层的属性展开，即可观察到该图层的关键帧以及其他属性，如图 6.21 所示。

图 6.21

▮6.8.2 设置关键帧

在展开的图层属性后可以看到，在缩放、旋转和不透明度参数的后面都已经有关键帧存在了。

所谓关键帧，即在不同的时间点对对象的属性进行变化，而关键帧之间的变化由计算机来运算完成。AE 在通常状态下可以对图层或者其他对象的变换、遮罩、效果以及时间等进行设置，这时系统对图层的设置是应用于整个持续时间的。如果需要对图层设置动画，则需要打开 (关键帧记录器) 来记录关键帧设置。

在打开对象某属性的关键帧记录器后，按钮变为 ，表明关键帧记录器处于工作状态，这时系统对该图层打开关键帧记录器后进行的操作都将被记录为关键帧。如果关闭该属性的关键帧记录器，则系统会删除该属性上的所有关键帧。

Step 01 将时间线指针移动到 00 秒处并单击位置参数前面的 按钮，当按钮从 变为 时就为图层的位置制作了第一个关键帧，如图 6.22 所示。

图 6.22

Step 02 现在已经制作了位置的一个关键帧，但是还没有做出位置属性的动画，这就需要继续添加关键帧。单击图层 1 左侧的小三角形按钮，将图层的所有属性隐藏，然后确定图层 1 被选中，按快捷键 P 显示图层的位置属性，如图 6.23 所示。

图 6.23

在实际操作中大家往往会遇到时间线窗口中有很多图层的情况，为了避免发生误操作和简化空间，通常采用隐藏不必要属性的方法，以提高工作效率。展开位置属性的快捷键为 P，展开旋转属性的快捷键为 R，展开缩放属性的快捷键为 S，展开不透明度属性的快捷键为 T，展开遮罩属性的快捷键为 M。如果要同时展开多个属性，则配合 Shift 键进行展开；如果已经按 P 键展开了位置属性，想要同时展开旋转属性，则按 Shift+R 组合键，如图 6.24 所示。

图 6.24

6.8.3　移动关键帧

下面学习如何在时间线窗口中移动关键帧。

Step 01 将时间线指针移动到 0:00:00:10 位置，然后将位置属性的参数设置为 282.4 和 -17.2，这时系统会自动添加一个新的关键帧，如图 6.25 所示。

图 6.25

Step02 按 U 键，展开图层 1 的所有有关键帧属性的参数，发现缩放、旋转和不透明度属性的第 2 个关键帧都在第 20 秒上，为了将位置属性的第 2 个关键帧也放置在第 20 秒上，需要移动关键帧。将时间线滑块拖动到时间刻度的第 20 秒上，框选位置属性的第 2 个关键帧，按住 Shift 键将框选的关键帧向右移动，关键帧将自动吸附到时间线滑块处，这样就将所有的关键帧对齐了，如图 6.26 所示。

图 6.26

Step03 移动关键帧只需要选中关键帧然后左右拖曳即可。如果要精确移动，则需要先将时间线指针放置在目标位置上，然后选中关键帧，按住 Shift 键，向时间线指针方向移动，关键帧会自动吸附到时间线指针位置。

6.8.4 复制和粘贴关键帧

如果要在位置属性的两个关键帧之间的第 10 秒处制作一个关键帧，方法有以下 3 种。

方法 1：将时间线指针移动到 10 秒处，然后单击位置属性的关键帧导航器的中间处 ◇ ，使其变为 ◆ ，如图 6.27 所示。

图 6.27

方法 2：将时间线指针移动到 10 秒处，然后将位置属性的参数值调整到需要的大小，系统会自动生成一个关键帧。

方法 3：将时间线指针移动到 10 秒处，然后选取位置上的任一关键帧，通过复制、粘贴得到新的关键帧。

在这里采用第 3 种方法制作关键帧，并且尝试关键帧的其他操作，具体操作步骤如下。

Step01 选取位置属性的第 1 个关键帧，然后选择"编辑\复制"命令或者按组合键 Ctrl+C 对选择的关键帧进行复制，然后将时间线指针移动到第 10 秒位置，选择"编辑\粘贴"命令或者按组合键 Ctrl+V 进行粘贴，这样就添加了一个关键帧。

Step02 选择图层 1，按组合键 Ctrl+D 复制出一个图层，现在时间线窗口中有两个图层，单击图层 2 左侧的小三角形按钮展开它的下一级属性，再单击变换左侧的小三角形按钮展开它的所有图层属性，如图 6.28 所示。

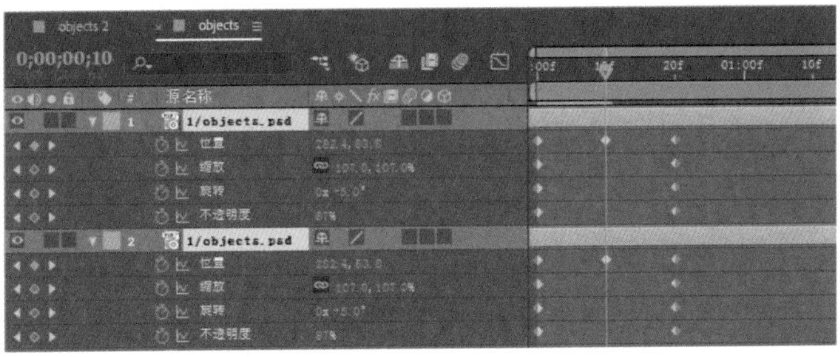

图 6.28

Step03 单击图层 2 参数后面的 ![] 按钮，将图层 2 的关键帧全部删除，预览画面发现当前图层 2 中已经没有了动画。此时用复制、粘贴的方法让动画恢复。框选图层 1 中所有关键帧，选择"编辑\复制"命令或者使用组合键 Ctrl+C 对选择的关键帧进行复制。将时间线指针移动到 00 秒位置，选中图层 2，选择"编辑\粘贴"命令或者使用组合键 Ctrl+V 进行粘贴，这样就为图层 2 设置了和图层 1 相同的动画。在粘贴关键帧时，时间线指针的位置很重要，系统会将所粘贴的第 1 个关键帧与时间线指针对齐，其他的关键帧会依照复制的关键帧的排列间隔依次排列在所粘贴的图层上。如果将时间线指针放在第 05 秒处，就会出现如图 6.29 所示的情况，移动这些关键帧将整体移动到 00 秒位置。

图 6.29

▌6.8.5　修改关键帧

现在两个图层的动画是一样的，因此显不显示图层 1 在合成窗口中是看不出区别的，为了使两个图层的动画显得不一样，可以修改关键帧。

Step01 双击图层 2 的位置属性后面的第 1 个关键帧，弹出"位置"对话框，修改参数，如图 6.30 所示。这样可以很方便地改变位置参数，用同样的方法修改第 2 个和第 3 个关键帧的位置参数。

图 6.30

Step02 用同样的方法修改旋转、缩放等关键帧的参数。回到合成窗口中会发现图层的关键帧上多出了控制手柄，它是用来微调图层路径的，用鼠标左键按住控制手柄来调节路径，如图 6.31 所示。

Step03 现在继续完成在位置、旋转和缩放上都有变化的动画。在播放动画时如果对效果不满意，可以回到上面的步骤对关键帧进行相应修改，直到满意为止。在按住 Shift 键的同时旋转图层会以 45 度的间隔逐步旋转，从而能够准确地设置 45 度角和其整数倍的角度，如图 6.32 所示。

图 6.31

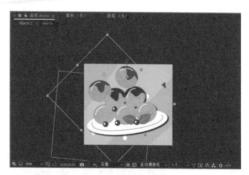

图 6.32

■ 6.9　捆绑父子关系

图 6.33

通过设置父子关系可以高效地制作许多复杂的动画，例如指定父层的移动或者旋转，这时子层就会跟随父层一起移动或者旋转。当然，子层的移动是和父层一致的，而它的旋转是依照父层的轴心进行的，即围绕父层的轴心旋转。

下面通过实例来认识一下父子图层的关系。

Step01 在 AE 中导入本书的配套素材"蛋糕.tga"和"火苗.tga"。单击项目窗口下方的■按钮，在弹出的对话框中设置参数，如图 6.33 所示。

Step 02 选取项目窗口中的素材，将它们拖曳到时间线窗口中，在合成窗口内对准火苗与蛋糕的位置，如图 6.34 所示。

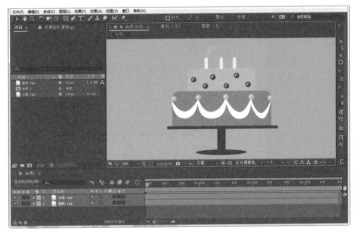

图 6.34

Step 03 右击时间线的空白区域，在弹出的快捷菜单中选择"新建\纯色"命令（如图 6.35 所示），在弹出的对话框中设置参数（如图 6.36 所示），新建一个浅黄色背景，如图 6.37 所示。

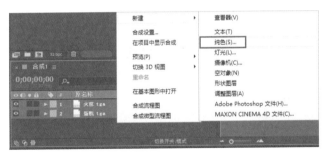

图 6.35

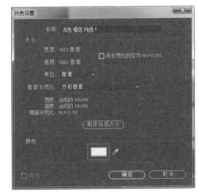

图 6.36

图 6.37

Step04 在时间线窗口中将浅黄色背景层拖动到最底层，如图 6.38 所示。

图 6.38

Step05 在时间线窗口中选择火苗图层，按组合键 Ctrl+D，复制出图层 1，现在图层 2、图层 3 和图层 1 都是火苗图层。分别选择图层 2 和图层 3，将其对准其他蜡烛（按住 Shift 键可以锁定 X 轴向平移），如图 6.39 所示。

图 6.39

Step06 下面为火苗图层指定父层。单击图层 1 后面父级栏中的"无"，在弹出的下拉列表中选择"4.蛋糕.tga"（这样就将火苗链接到了蛋糕上），用相同的方法将另外两个火苗链接到蛋糕上，如图 6.40 所示。

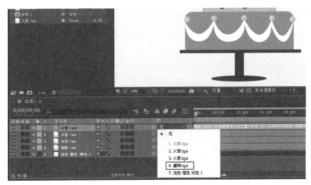

图 6.40

Step 07 在合成窗口中将蛋糕图层移动到右边，然后在它的位移属性后面单击 ◎ 按钮，添加一个关键帧，如图 6.41 所示。这时会发现作为子层的图层 1、图层 2、图层 3（火苗）都已经跟随作为父层的图层 4 移动了。

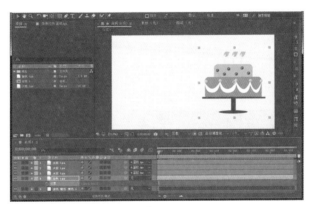

图 6.41

■ 6.10　制作透明度动画

通过对图层的不透明度进行设置，可以得到从当前图层透出下层图像的效果。当图层的不透明度为 100％时，图像完全不透明，它可以遮住下面的图像；当图层的不透明度为 0％时，图像完全透明，也就是能完全显示其下的图像；当图层的不透明度为 0％～ 100％时，值越大越不透明，而值越小越透明。

Step 01 在 AE 中打开"透明度.aep"项目文件，如图 6.42 所示。下面使用不透明度功能制作一段淡入淡出动画。硬切是指时间线从一个图层到下一个图层之间没有过渡，也就是说既没有转场特效也没有淡入淡出效果。

图 6.42

Step02 双击项目窗口，导入"儿童 .png"素材，将该素材拖动到时间线窗口的最上层，并将时间指针移动到 07 秒处，然后将儿童缩小和移动，使其与蛋糕重叠，如图 6.43 所示。

图 6.43

Step03 在时间线窗口中将蛋糕图层的开始移动到 07 秒处，如图 6.44 所示，并在合成窗口中观察整个片段。现在由图层 1 到图层 2 就是硬切模式，它们的过渡显得非常生硬。如果要解决这个问题，可以使用淡入淡出效果。

图 6.44

Step04 在时间线窗口中将蛋糕图层和火苗图层的结尾移动到 08 秒处，让儿童与它们在 07 ～ 08 秒处重叠，如图 6.45 所示。

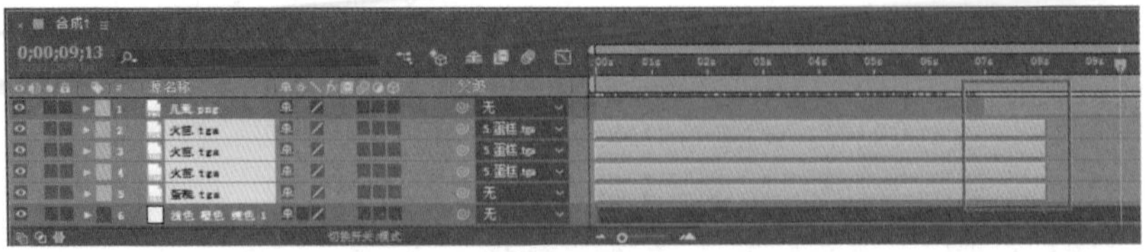

图 6.45

Step05 分别选择图层 1 ～图层 5 并按 T 键，展开它们的不透明度属性。移动时间指针到 00 秒位置，保持 5 个图层全部选中，然后单击图层 1 的不透明度属性前面的◎按钮，为这 5 个图层的不透明度属性同时添加一个关键帧。单独选择儿童图层，设置不透明度属性为 0%（隐身），如图 6.46 所示。

图 6.46

Step06 移动时间指针到 07 秒位置，将 5 个图层全部选中，然后单击图层 1 的 ■ 按钮，为这 5 个图层同时添加一个关键帧，如图 6.47 所示。此时儿童在第 00 秒～第 07 秒保持隐身，蛋糕和火苗保持显示状态。

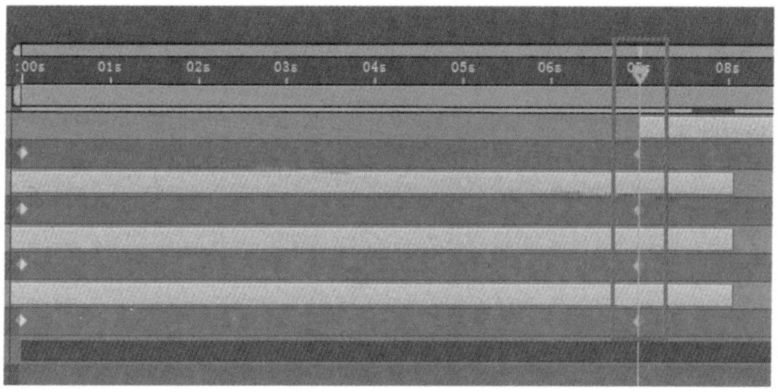

图 6.47

Step07 移动时间指针到 08 秒位置，将 5 个图层全部选中，然后单击图层 1 的 ■ 按钮，为这 5 个图层同时添加一个关键帧，如图 6.48 所示。单独选择儿童图层，设置不透明度为 100%（显示出来），然后分别设置蛋糕图层和 3 个火苗图层的不透明度属性为 0%（隐身）。

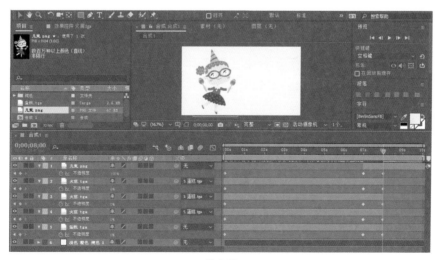

图 6.48

Step08 单击儿童图层的■按钮，将该图层独显，然后移动时间指针到 07 秒位置，按 P 键打开位置参数，单击■按钮添加位置关键帧，接着移动时间指针到 10 秒位置，设置位置参数，让儿童向左移动，如图 6.49 所示。

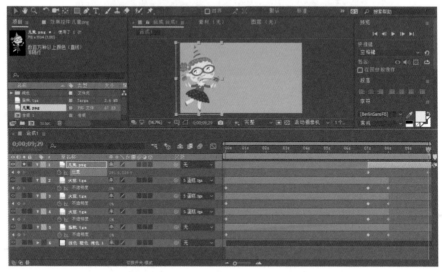

图 6.49

Step09 单击儿童图层的■按钮，关闭该图层的独显，然后拖动时间指针观察淡入淡出效果，如图 6.50 所示。按数字小键盘上的 0 键对动画进行预览，可以发现儿童图层到蛋糕图层的过渡是一个渐变过程，比硬切更加自然，这就是淡入淡出效果，蛋糕的逐渐透明就是淡出，儿童的逐渐清晰就是淡入，这在 UI 动效中会经常遇到。

图 6.50

■ 6.11　制作路径动画

对于物体的运动状态，不是只能做简单的位置参数设置，还可以设置一段路径，让物体沿着路径运动，并在运动过程中设置运动方式。

Step01 按组合键 Ctrl+Alt+N 新建一个项目，然后单击项目窗口下方的■按钮，在弹出的"合成设置"对话框中设置"宽度"为 1920、"高度"为 1080（时间长度为 40 秒），单击"确定"按钮，如图 6.51 所示。

Step02 现在已经在项目窗口中创建了合成 1，双击项目窗口中的空白处，在弹出的

"导入文件"对话框中打开本书的配套资源图片"飞机 .tga",单击"导入"按钮,如图 6.52 所示。

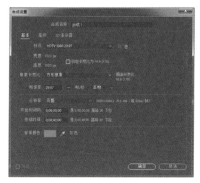

图 6.51　　　　　　　　　　　　　　　　　　图 6.52

Step03 将项目窗口中的飞机图片拖曳到合成窗口或者时间线窗口中,选择时间线窗口中的图层 1(缩小飞机的尺寸,让飞机在画面中比较合适),如图 6.53 所示。

Step04 按 P 键展开图层 1 的位置属性,确定时间线指针在 00 秒处,将飞机移动到画面的右侧,或者直接在位置属性右边的参数设置栏内输入参数,在位置移动完成后单击 按钮,添加一个关键帧,如图 6.54 所示。

图 6.53

图 6.54

Step05 将时间线指针移动到 10 秒处,把图层 1 移动到画面中间处,系统会在 10 秒处自动添加一个关键帧,按空格键预览,发现飞机动起来了。这是一个极为简单的位移动画,接下来把这个动画变复杂一些,如图 6.55 所示。

图 6.55

Step06 选择钢笔工具 ，在合成窗口中的动画路径上单击鼠标左键添加两个路径节点，如图 6.56 所示。

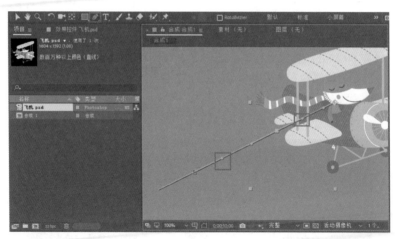

图 6.56

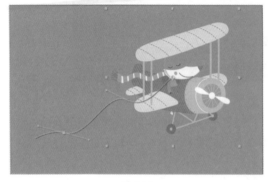

图 6.57

Step07 移动刚才添加的两个路径节点的手柄，可以改变运动路径的曲线，此时合成窗口中飞机的飞行路径已经发生了变化，按空格键可以观察飞机的运动效果，如图 6.57 所示。

Step08 选择"窗口\动态草图"命令，打开"动态草图"面板。确定飞机图层被选中，单击"开始捕捉"按钮。这时光标变为十字形，将光标移动到合成窗口中，按住鼠标左键不放，连续移动绘制出一个星形，之后松开鼠标左键结束绘制，如图 6.58 所示。在时间线窗口中看到系统已经自动生成了关键帧，这些关键帧记录了刚才绘制时光标在合成窗口中的相应位置，它们连在一起就是一条路径。时间线窗口中的关键帧和合成窗口中的虚线点是相互对应的，时间线窗口中有多少个关键帧，合成窗口中就有多少个虚线点，如图 6.59 所示。

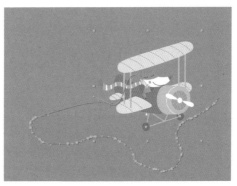

图 6.58　　　　　　　　　　　　　　　　图 6.59

Step 09 重复上面的操作，使用"动态草图"面板为飞机制作一段波浪路径，如图 6.60 所示。观察路径，发现这条路径非常不光滑，为了使其光滑，可以使用"平滑器"面板进行设置。平滑器常用于对复杂的关键帧进行平滑。使用动态草图等工具自动产生曲线会产生复杂的关键帧，这在很大程度上降低了处理速度。使用平滑器可以消除多余的关键帧，对曲线进行平滑。在平滑时间曲线时，平滑器会对每个关键帧应用 Bezier 插值。

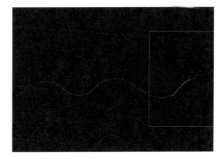

图 6.60

Step 10 确定飞机图层被选中，选择"窗口 \ 平滑器"命令，打开"平滑器"面板，设置"容差"为 5，如图 6.61 所示，单击"应用"按钮平滑曲线，可以得到更加平滑的曲线。反复对其进行平滑，使关键帧曲线达到最平滑。现在观察合成窗口中的路径曲线，发现路径光滑了很多，关键帧也简化了很多，如图 6.62 所示。容差单位和要平滑的属性值一致，容差越高，产生的曲线越平滑，但过高的值会导致曲线变形。

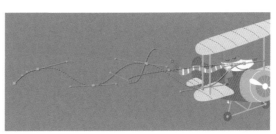

图 6.61　　　　　　　　　　　　　图 6.62

6.12 动画控制的插值运算

系统在进行平滑时加入了插值运算，使得路径在基本保持原形的同时减少了关键帧控制点。插值运算可以使关键帧产生多变运动，使层的运动产生加速、减速或者匀速等变化。AE 提供了多种插值方法对运动进行控制，用户也可以对层的运动在其时间属性或空间属性上进行插值控制。

Step 01 在时间线窗口中选中要改变插值方法的关键帧，在其上右击，在弹出的快捷菜单中选择"关键帧插值"命令，如图 6.63 所示，弹出"关键帧插值"对话框，如图 6.64 所示。

图 6.63   图 6.64

Step 02 用户可以对关键帧的插值方法进行手动改变，并通过对其数值和运动路径的调节来控制插值，在前两个下拉列表中选择需要的插值方法，如图 6.65 所示。如果选择了关键帧的空间插值方法，可以使用"漂浮"下拉列表中的选项设置关键帧决定其位置，然后单击"确定"按钮，如图 6.66 所示。

图 6.65   图 6.66

线性：线性是 AE 的默认设置，其变化节奏强，属于比较机械的转换。如果层上的所有关键帧都使用线性插值，则会从第 1 个关键帧开始匀速变化到第 2 个关键帧。以此类推，关键帧结束变化停止。两个线性插值关键帧的连线在图中显示为直线。如果层上的所有关键帧都使用线性插值，则层的运动路径皆为直线构成的角，如图 6.67 所示。

贝塞尔曲线：贝塞尔曲线插值方法可以通过调节手柄改变图形形状和运动路径。它可以为关键帧提供最精确的插值，具有非常好的手动调节性。如果层上的所有关键帧都使用贝塞尔曲线插值，则关键帧会产生平稳的过渡。贝塞尔曲线插值是通过保持控制手柄的位置平行于前一个和后一个关键帧实现的。它通过手柄可以改变关键帧的变化率。其皆由平滑曲线构成，只不过在每个关键帧上都是突变的，如图 6.68 所示。

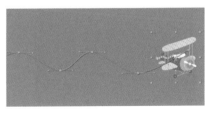

图 6.67　　　　　　　　　　　　　　　　　　图 6.68

连续贝塞尔曲线：连续贝塞尔曲线和贝塞尔曲线基本相同，它在通过一个关键帧时会产生一个平稳的变化率。与自动贝塞尔曲线不同，连续贝塞尔曲线的方向手柄总是处于一条直线。如果层上的所有关键帧都使用连续贝塞尔曲线，则层的运动路径皆由平滑曲线构成，如图 6.69 所示。

自动贝塞尔曲线：自动贝塞尔曲线在通过关键帧时将产生一个平稳的变化率。它可以对关键帧两边的值或运动路径进行自动调节。如果以手动方法调节自动贝塞尔曲线，则关键帧插值将变化为连续贝塞尔曲线。如果层上的所有关键帧都使用自动贝塞尔曲线，则层的运动路径皆由平滑曲线构成。

定格：定格插值依时间改变关键帧的值，而关键帧之间没有任何过渡。使用定格插值，第 1 个关键帧保持其值不会发生变化，但是到下一个关键帧就会突然改变，如图 6.70 所示。

图 6.69　　　　　　　　　　　　　　　　　　图 6.70

当前设置：保留当前设置。

漂浮穿梭时间：以当前关键帧的相邻关键帧为基准，通过自动变化它们的位置来平滑当前关键帧的变化率。

锁定到时间：保持当前关键帧在时间上的位置，只能通过手动进行移动。

Step03 为了使飞机顺着路径的方向变化，可以选择"图层 \ 变换 \ 自动定向"命令，弹出"自动方向"对话框，选择其中的"沿路径定向"选项，然后单击"确定"按钮，如图 6.71 所示。按数字小键盘上的 0 键对动画进行预览，发现飞机将顺着路径的方向进行运动，如图 6.72 所示。

图 6.71

图 6.72

Step 04 下面为运动添加运动模糊效果。单击时间线窗口中的 按钮，勾选飞机图层后面的运动模糊选项，如图 6.73 所示。在合成窗口中观察图像，发现飞机已经比刚才模糊了，运动起来也没有那么闪烁，但是效果还不够真实。按组合键 Ctrl+K，打开"合成设置"对话框，切换至"高级"选项卡，改变"快门角度"参数为 720（参数越大越模糊），如图 6.74 所示。单击"确定"按钮退出对话框，预览动画，可见现在的模糊效果比较真实，如图 6.75 所示。

图 6.73

图 6.74

图 6.75

■ 6.13　用 AI 制作路径动画

路径动画是 MG 动画最常用的动效方式，通过路径，物体可以精准地按照预定路线进行移动。在本例中将学会使用 AI 文件自动生成路径，并制作自定义起始点的路径动画。

▍6.13.1　双十二海报（在 AI 中分层）

　　在 AI 中分层可以直接导入 AE 中，AE 对于 AI 的兼容性非常好。AI 可以直接将某个图形的轮廓进行路径提取，这个功能是 Photoshop 软件无法比拟的。本例的动画效果如图 6.76 所示。

图 6.76

　　Step01 在 AI 中打开 2-c-a.ai 文件，在"图层"面板中新建一个图层，然后使用钢笔工具 ✐ 按照虚线绘制路径，如图 6.77 所示。

　　Step02 在 AI 中，虚线导入 AE 中会产生不完整的路径，所以要根据虚线重新绘制路径，在绘制完成后将路径移动到新建图层中，并为各图层命名，如图 6.78 所示。

图 6.77

图 6.78

　　Step03 将文件保存为 2-c.ai，并打开 AE 软件。

▍6.13.2　在 AE 中制作矢量路径动画

　　在 AE 中对 AI 的矢量图形进行路径提取，并制作路径动画。

　　Step01 在 AE 的项目窗口的空白处双击，导入刚才保存的 AI 文件 2-c.ai，并在弹出的合成窗口中设置参数，如图 6.79 所示。

　　Step02 在项目窗口中双击 2-c 合成文件，将 AI 文件放置到时间线窗口中，可以看到时间线窗口中有 4 个图层，分别是背景、金币、路径、虚线路径，如图 6.80 所示。

图 6.79

图 6.80

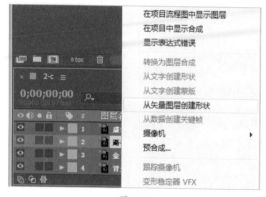

图 6.81

Step03 右击路径图层,在弹出的快捷菜单中选择"从矢量图层创建形状"命令,系统会自动生成一个路径,这个功能只有 AI 具备,Photoshop 不具备这个功能,如果需要从形状提取路径,必须使用 AI 制作图像,如图6.81 所示。

Step04 此时会生成一个新的路径轮廓图层,如图 6.82 所示。展开该图层,选择路径通道,按组合键Ctrl+C 复制该路径,如图 6.83 所示。

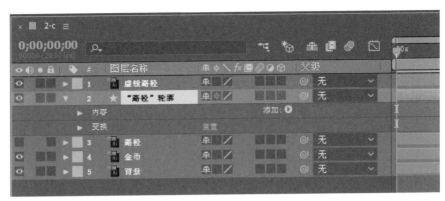

图 6.82

图 6.83

Step05 选择金币图层，按 P 键打开位置参数，然后选择该参数，按组合键 Ctrl+V，将刚才复制的路径粘贴至金币的位置通道，此时金币的位置发生了变化，如图 6.84 所示。

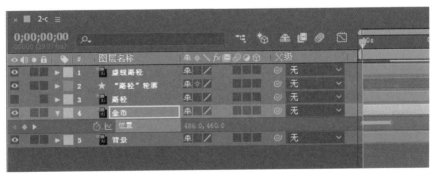

图 6.84

Step06 缩小合成窗口，找到金币的位置，如图 6.85 所示。

此时由于金币没有和锚点在一起，金币没有在路径上，按组合键 Ctrl+Z 回到上一步，先来设置金币的锚点。

图 6.85

Step 07 选择金币图层，单击 ▓ 按钮，将锚点移动到金币的中间位置，如图 6.86 所示。
然后单击 ▶ 按钮，将金币移动到动画开始的位置，如图 6.87 所示。

图 6.86

图 6.87

Step 08 为了让路径和金币的动画开始位置相吻合，需要设置路径的起始点，选择路径
轮廓图层（如图 6.88 所示），然后选择路径的节点，如图 6.89 所示。

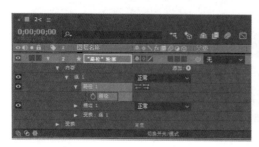

图 6.88

图 6.89

Step 09 选择"图层 \ 蒙版和形状路径 \ 设置第一个顶点"命令,将选中的顶点设置成动画的起始点,如图 6.90 所示。此时该顶点处出现了方框,说明操作成功,如图 6.91 所示。

图 6.90　　　　　　　　　　　　　　　　　　图 6.91

Step 10 重新粘贴路径到金币图层的位置参数上,如图 6.92 所示。将金币和其路径移动到与原来的虚线相吻合的位置,注意不要使用上下键移动(只会移动金币),使用▲才能将金币和路径一起移动。

图 6.92

Step 11 在按住 Alt 键的同时移动最后一个关键帧可以拉长和缩短动画的整体时长,就像放大、缩小物体一样。这样用户就可以自如地控制路径动画的时长了,而不会因为路径的长短受到限制,如图 6.93 所示。

图 6.93

6.14 制作信封 UI 动效动画

在本例中将学会使用 Photoshop 软件通过图层样式工具、钢笔工具、自定形状工具等制作 E-mail 图形，并使该图形整体看起来大方、简洁，然后使用 AE 的缩放、改变形状、移动等功能制作 UI 动效。

6.14.1 制作信封和爱心

本例图形以矩形为基本形状，信封中装有信纸，造型独特。本例图形的整体效果非常好，用浪漫的桃红色包围住暖黄色的信纸，使人感觉非常愉悦。本例图形以桃红色为主，给人的感觉是浪漫、激情、富有活力，如图 6.94 所示。

图 6.94

Step 01 选择"文件\新建"命令，在弹出的对话框中设置宽度为 800 像素、高度为 570 像素、分辨率为 300 像素/英寸，新建一个空白文档，然后设置前景色的颜色，将"背景"图层解锁，为背景填充前景色，如图 6.95 所示。

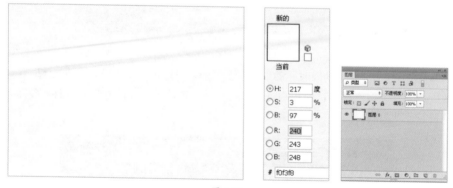

图 6.95

Step 02 新建"组 1"，改变名称，然后选择"钢笔工具"，在选项栏中选择"形状"选项，在图像上绘制形状，如图 6.96 所示。

图 6.96

双击该图层，打开"图层样式"对话框，选择"斜面和浮雕""内阴影""渐变叠加""图案叠加"选项，调节参数，增加效果，如图 6.97 所示。

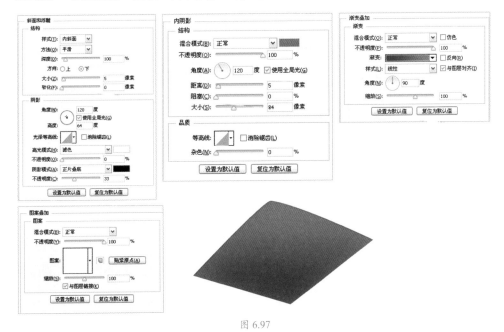

图 6.97

制作信封的内部。选择"钢笔工具"，在图像上绘制信封的内部图形，如图 6.98 所示。

图 6.98

153

Step 05 双击该图层，打开"图层样式"对话框，选择"斜面和浮雕""渐变叠加""图案叠加"选项，调节参数，增加效果，如图 6.99 所示。

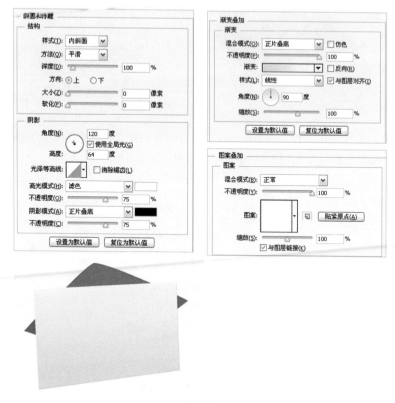

图 6.99

Step 06 绘制小桃心。选择"自定形状工具"，设置颜色，然后选择桃心形状，在图像上进行绘制，如图 6.100 所示。

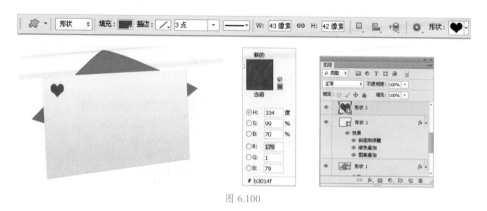

图 6.100

Step 07 使用同样的方法绘制另一个小桃心，设置颜色，然后按组合键 Ctrl+T 自由变换，旋转角度，如图 6.101 所示。

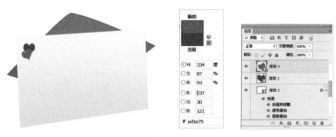

图 6.101

Step08 制作信封的外部。选择"钢笔工具"，在图像上绘制信封的外部图形，如图 6.102 所示。

图 6.102

Step09 双击该图层，打开"图层样式"对话框，选择"斜面和浮雕""内阴影""图案叠加"选项，调节参数，增加效果，如图 6.103 所示。

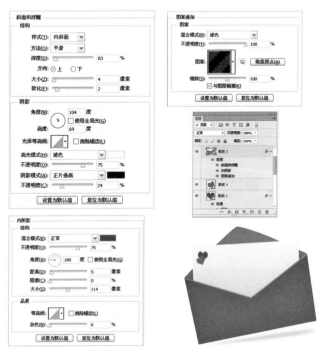

图 6.103

155

Step 10 将该图层进行复制，在按住 Ctrl 键的同时单击该图层的缩略图，选择该图层的选区，为其填充白色，如图 6.104 所示。

图 6.104

Step 11 为该图层添加蒙版，设置前景色为黑色，在图像上涂抹，完成后将该图层的不透明度降低，为图像增加立体感，如图 6.105 所示。

图 6.105

Step 12 下面制作大桃心。选择"椭圆工具"，在图像上方显示的选项栏中设置填充为红色，在按住 Shift 键的同时在图像上拖曳鼠标，绘制 6 厘米 ×6 厘米的正圆，松开鼠标，在画布上会出现一个填充色为红色的正圆，如图 6.106 所示。

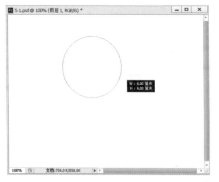 

图 6.106

Step 13 继续使用"椭圆工具"进行绘制，在选项栏中选择"合并形状"选项，按住 Shift 键绘制 6 厘米 ×6 厘米的正圆，此时绘制出来的正圆会与刚才的正圆相交、合并，如图 6.107 所示。

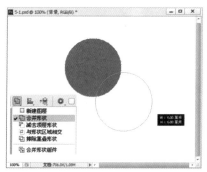
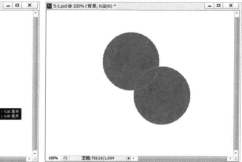

图 6.107

Step14 选择"矩形工具"，在选项栏中选择"合并形状"选项，从两个正圆相交的地方开始拖曳，绘制正方形，然后松开鼠标，大桃心绘制完成，如图 6.108 所示。

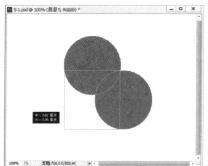
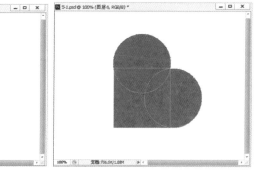

图 6.108

Step15 在"图层"面板中将信封、信纸、信封盖、小桃心、大桃心分别合并成一个图层，并重新命名，以备在 AE 中制作 UI 动画，如图 6.109 所示，并且删除背景图层。

图 6.109

6.14.2　制作信封打开动画

下面制作动画，动画效果是信封打开，信纸从信封中伸出来，并散发桃心，如图 6.110 所示。

图 6.110

Step01 按组合键 Ctrl+Alt+N，新建一个项目。双击项目窗口中的空白处，在弹出的"导入文件"对话框中打开本书的配套资源图片"2-b.psd"，单击"打开"按钮，然后在弹出的对话框中单击"确定"按钮，如图 6.111 所示。

图 6.111

Step02 此时项目窗口中增加了"2-b 个图层"文件夹和"2-b"合成。双击"2-b"合成，在时间线窗口中显示各个图层，如图 6.112 所示。

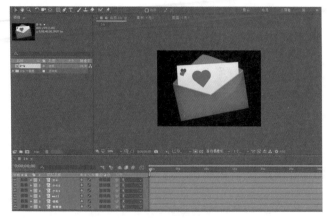

图 6.112

Step03 右击合成窗口中的黑色背景，选择"合成设置"命令，打开"合成设置"对话框，设置背景尺寸，如图 6.113 所示。

Step04 制作信封盖打开，信纸伸出来的动画。选中信纸图层，单击工具栏中的 ▨ 按钮，将信纸的锚点移动到最下方，如图 6.114 所示。

Step05 单击工具栏中的 ▶ 按钮，将信纸缩小，此时信纸已经隐藏到了信封内，如图 6.115 所示。

图 6.113

图 6.114

图 6.115

Step06 将信封的起始帧移动到第 10 秒，如图 6.116 所示。

Step07 按 S 键打开信纸图层的缩放参数，然后移动

图 6.116

时间指针到第 10 秒，激活参数左边的 ▨ 按钮，打开关键帧记录功能，再移动时间指针到第 15 秒，放大信纸，如图 6.117 所示。

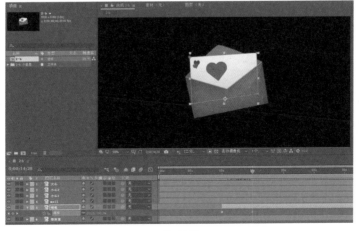

图 6.117

Step 08 现在制作信封盖打开的动画。移动时间指针到第 0 秒，激活蒙版路径左边的 🔂 按钮，打开关键帧记录功能，如图 6.118 所示，移动信封盖最上面的顶点，改变其形状，如图 6.119 所示。

图 6.118

图 6.119

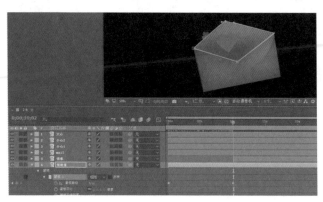

图 6.120

Step 09 移动时间指针到第 10 秒，然后移动信封盖最上面的顶点，改变其形状，如图 6.120 所示。

Step 10 下面制作大心图层的动画。移动大心图层的起始帧为第 15 秒，按 T 键打开不透明度参数，激活左边的 🔂 按钮，设置不透明度为 0%，然后移动时间指针到第 16 秒，设置不透明度为 100%，如图 6.121 所示。

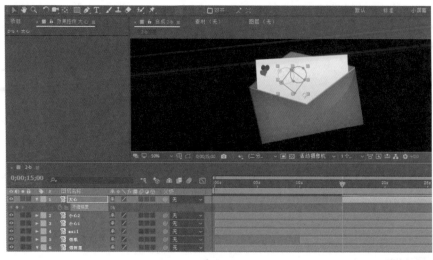

图 6.121

Step 11 移动时间指针到第 16 秒，设置不透明度为 100%，这样就制作了从第 15 秒到第 16 秒的大心图层的淡出动画，然后复制第 15 秒的关键帧到第 17 秒，复制第 16 秒的关键帧到第 18 秒，以此类推，如图 6.122 所示。

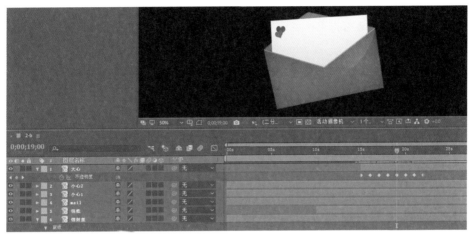

图 6.122

Step 12 用相同的方法制作两个小心图层的动画，可以是位置动画，也可以是旋转动画，如图 6.123 所示。

图 6.123

Step 13 移动 3 个心形图形到合适的位置，如图 6.124 所示。

图 6.124

Step 14 目前的动画还只是比较生硬的动态，需要将整个动画连接得更加舒缓。按组合键 Ctrl+A 选中所有物体，按 U 键将所有做过动画的图层显示出来，用鼠标在时间线窗口中框选这些关键帧，然后右击选择"关键帧辅助 \ 缓动"命令（按 F9 键可以直接执行缓动操作）。此时时间线上的所有关键帧都变成了漏斗造型 ，动画就制作完成了，播放动画，可以发现动态比刚才连接得柔和多了（AE 可以智能化地将所有生硬的动画处理得非常流畅），如图 6.125 所示。

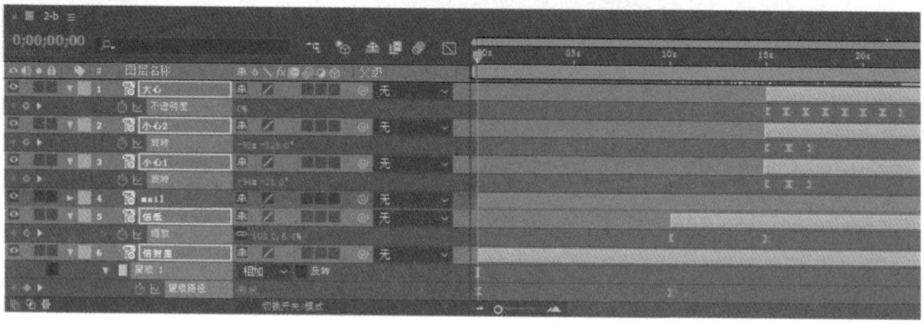

图 6.125

Step 15 单击预览窗口中的"播放"按钮 ，观察动画效果，如图 6.126 所示。

图 6.126

第 7 章

高级 UI 动效制作

用表达式可以大大提高动画制作的效率，甚至一些用关键帧不好完成的动画，用表达式可以轻松完成。本章通过一些实例介绍了 After Effects 表达式的使用方法以及变量、数组、控制器等的作用。

■ 7.1 理解表达式

在学习表达式的过程中不用太在意大量的语句，使用表达式不仅可以大幅提高工作效率，而且实现起来很简单，因此花时间学习表达式是值得的。

■ 7.1.1 表达式的添加

那么表达式能做些什么呢？例如在给 10 个不同对象设置 10 个各不相同的旋转动画关键帧时，可以先建立一个对象的旋转动画，然后用一个简单的表达式让其余对象的旋转各有特点，在这些操作过程中并不需要用 Java 语言写一个语句，而是运用 After Effects 的 Pick Whip 功能通过连线自动地生成表达式。给属性添加表达式有以下两种方法。

方法 1：在时间线窗口中展开图层的某一属性参数，然后选择"动画\添加表达式"命令。

方法 2：选择对象后在按住 Alt 键的同时单击该参数左边的按钮就可以在右边的 Expression Field 区域中创建表达式，如图 7.1 所示。

图 7.1

给图层的属性添加一个表达式，在时间线窗口中新出现了一些按钮，下面介绍其功能。

（1）■表示表达式起作用，单击该按钮后，该按钮变为■，表示表达式不起作用。

（2）单击■按钮，可以打开表达式的图表。其中表达式控制的图表用红色显示，以与由关键帧控制的绿色图表相区别，如图 7.2 所示。

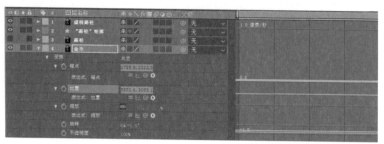

图 7.2

（3）按住■按钮不放，然后将其拖动到另外一个参数上可以建立两者之间的连接，如图 7.3 所示。

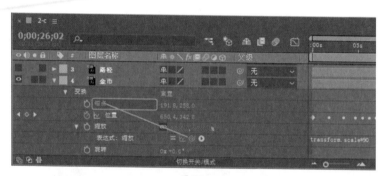

图 7.3

图 7.4

（4）单击■按钮后会弹出表达式的语言菜单，在其中可以选择表达式经常使用的程序变量和语句等，如图 7.4 所示。

（5）时间条的区域内是表达式输入框，在这里会显示表达式的内容，并可以在其中对表达式进行编辑。用鼠标左键拖动边框可以调节它的高度，也可以用其他的文本工具将表达式写好，然后粘贴到表达式输入框中。在 AE 中，如果要

把图层指定为 3D 图层，只需在时间线窗口中单击该图层的⬛即可，也可以选择"图层 \3D
图层"命令。把图层指定为 3D 图层会增加一些图层参数，例如方向、X 轴旋转、Y 轴旋
转、Z 轴旋转等，用来调整图层的光影，如图 7.5 所示。

图 7.5

7.1.2 建立自己的第一个表达式

在这个例子中将使用⬛按钮创建一个表达式动画，实现用表达式来控制一个图层的
旋转以及另一个图层的缩放。

Step 01 打开本书的配套资源文件"Frist.aep"，发现在合成中包含了 layerA 和 layerB
两个图层，如图 7.6 所示。

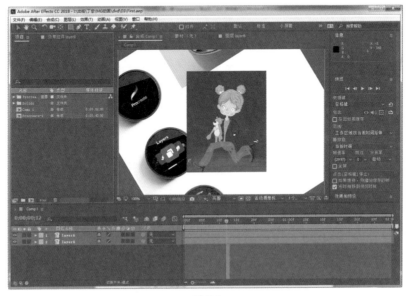

图 7.6

Step02 制作 layerB 图层的旋转动画。在时间线窗口中选择 layerB 图层，按 R 键，展开图层的旋转属性，把时间帧移动到第 1 帧，确定旋转的值为 0，然后单击 按钮，建立图层旋转的关键帧，如图 7.7 所示。

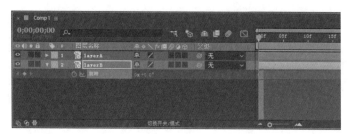

图 7.7

Step03 把时间指针移动到最后一帧，然后设置 layerB 图层的旋转属性值为 100，建立旋转的第 2 个关键帧，如图 7.8 所示。

图 7.8

Step04 选择 layerA 图层，按 S 键展开其缩放属性，然后在按住 Alt 键的同时单击 按钮，创建表达式，如图 7.9 所示。

图 7.9

Step05 按住 layerA 图层缩放属性的 按钮不放，引出一条线，然后将其拖动到 layerB 图层的旋转属性上，再释放鼠标左键，如图 7.10 所示。

图 7.10

Step06 这样就将 layerA 图层的缩放属性连接到 layerB 图层的旋转属性上，如图 7.11 所示，之后 layerB 图层旋转，layerA 图层会发生缩放变化，如图 7.12 所示。

图 7.11

图 7.12

■ 7.2　解读表达式

在学习表达式的过程中有很多预设可以使用，用户也可以自定义自己的表达式。有些表达式是比较难懂的，这里通过案例解读表达式的含义。

继续前面的项目进行操作，通过使用◎按钮给 layerA 图层的缩放参数创建的表达式如下：

```
temp = thisComp.layer("layer B").rotation;
[temp, temp]
```

这两行程序让 layerA 图层的缩放跟随 layerB 图层的旋转属性发生了变化。那么表达式是怎么传达信息的呢？下面进行说明。

首先程序建立了一个变量 temp，并且给变量赋值，让它等于 layerB 图层的旋转值。之后在表达式的第 2 行中，程序用一个二维数组给 layerA 图层的缩放参数赋值，如图 7.13 所示。

```
{thisComp.Layer("layerB").rotation, thiscomp.layer("layerB").
rotation}
```

图 7.13

▌7.2.1　错误提示

输入的表达式发生错误是在所难免的，当表达式出现错误不能运行时，程序会弹出一个错误提示信息对话框。

继续刚才的操作，在时间线窗口中如果把 layerB 图层的名字改为 layerC，则程序会弹出错误提示信息，如图 7.14 所示。

图 7.14

图 7.15

此时在错误提示中告知用户表达式不能找到 layerB 图层，并指出错误出现在表达式的第 1 行中，因此该表达式失效。在时间线窗口中用图标表示该表达式有问题，单击 ⚠ 图标可以打开错误提示信息，如图 7.15 所示。

如果将图层名字改回原来的 layerB，则 ⚠ 图标消失，表示表达式恢复正常。

▌7.2.2　数组和表达式

在图层的各种参数中，有的只需要一个数值就能表示，例如不透明度，被称为一维数组；有的需要两个数值才能表示，例如二维图层的缩放性能，分别用两个数值表示图层在 X 轴和 Y 轴方向上的缩放，被称为二维数组；而颜色信息用 R、G、B 三个分量来表示，被称为三维数组。

若在表达式中将一个一维数组参数（例如不透明度）和一个二维数组参数（例如位置）相连接，AE 将不知道怎样连接。为了解决这个问题，通过在参数后面添加一个方括号标注数值在数组中的位置来确定提取数组中的相应数值。

在表达式中可以对数值进行运算，以便让画面变大或变小，或者让变化效果加快或减慢。

Step01 继续刚才的操作，在 layerA 图层的缩放参数的表达式输入框中修改原来的表达式如下：

```
temp=thisComp.Layer("layerB").rotation;
[temp,temp*2]
```

可以看出在表达式的第 2 行中添加了 "*2" 的数值运算。在 Composition 窗口中 layerA 变成了矩形，layerA 的缩放参数显示图层在 Y 轴方向上的缩放是 X 轴方向上的 2 倍，这正是刚才添加数值运算后的结果，如图 7.16 所示。

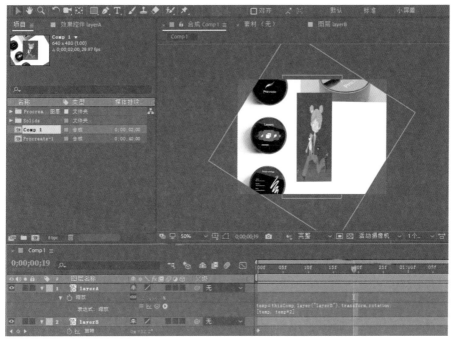

图 7.16

Step02 选择 layerA 图层后按组合键 Ctrl+D，将该图层复制，从而产生 layerA 2 图层。保持对 layerA 2 图层的选择，按 S 键，展开图层的缩放属性，可见它已经有了一个表达式，然后按住 Shift 键不放，再按 R 键，这样可以增加图层的旋转属性的显示，如图 7.17 所示。

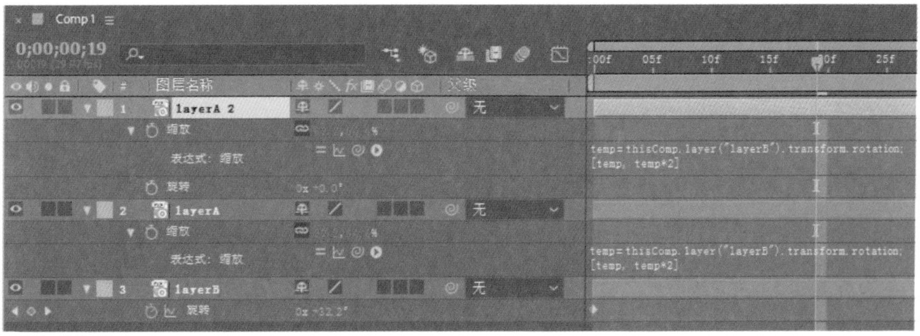

图 7.17

Step03 给 layerA 2 图层的旋转属性添加一个表达式，并且用 按钮将它和 layerB 图层的旋转属性相连接，如图 7.18 所示。

图 7.18

Step04 把 layerA 2 图层的旋转属性的表达式修改为：

ThisComp,layer("layerB").Rotation

把 layerA 2 图层的缩放属性的表达式修改为：

temp=thisComp.Layer("layerB").Rotation;

[temp-7,temp-7]

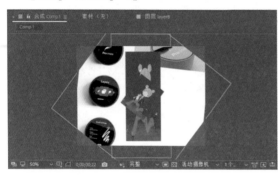

图 7.19

Step05 在合成窗口中预览动画，可见 layerA 2 图层始终要比 layerA 图层小，并且旋转方向和 layerB 图层正好相反，如图 7.19 所示。

▌7.2.3　程序变量和语句

在 AE 表达式中经常会用到程序变量。当属性之间发生关联时，可以让某一属性改变，从而引发与之相关联的属性变化。

Step01 创建新的项目（如图 7.20 所示），然后在项目窗口中单击 按钮建立合成，并将其命名为 Comp-Rand，如图 7.21 所示。

图 7.20

图 7.21

Step 02 在 Comp-Rand 的时间线窗口中按组合键 Ctrl+Y 会弹出"纯色设置"对话框,如图 7.22 所示,创建纯色图层,颜色为黄色,并将其命名为 LA,如图 7.23 所示。

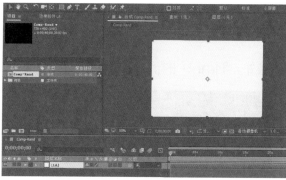

图 7.22　　　　　　　　　　　　　　　　　　　图 7.23

Step 03 选择 LA 图层,按 T 键,展开它的不透明度属性,在按住 Alt 键的同时单击(动画)按钮创建表达式。在表达式输入框中输入"random(100)",注意表达式使用英文括号,如图 7.24 所示。

在该表达式中 random 是一个语句,使用它可以得到指定范围中的随机数值,在后面的圆括号中输入范围数值,在这里输入 100。在 AE 的表达式中,除了常用程序变量以外,有时为了完成一些特定的任务,

图 7.24

还会用到语句。例如 rgbToHsl 语句,虽然它并不提供具体的数值,但是可以将图层颜色的 RGB 数值转换成 HSL 数值。大家可以将这类语句看作特殊的运算符号,如图 7.25 所示。

图 7.25

■ 7.3 常用的一些程序变量

程序变量可以方便用户制作各种动态效果，尤其是一些人工无法完成的复杂动态，例如抖动等。在 AE 中预设了许多程序变量，下面将通过实例了解一些常用的程序变量。

■ 7.3.1 Time（时间）表达式

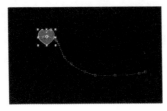

图 7.26

Step 01 打开本书的配套资源文件 Time.aep，如图 7.26 所示。将时间指针移动到第 1 帧，选择 LA 图层，按 4 次组合键 Ctrl+D 将图层复制 4 次，如图 7.27 所示。选择复制的图层，按 P 键，展开它们的位移参数，然后单击 按钮，把关键帧去掉，这样它们就没有了位移动画，如图 7.28 所示。

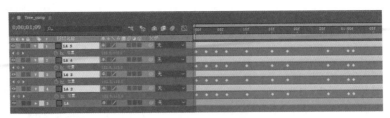

图 7.27

图 7.28

Step 02 给复制图层的位移参数都建立表达式，在表达式输入框中输入下面的语句，如图 7.29 所示。

```
thisComp.layer(thisLayer,+1).position.valueAtTime(time-0.2)
```

图 7.29

Step03 在合成窗口中预览动画，可以发现复制的图层一个接一个紧随着 LA 图层运动，如图 7.30 所示。

图 7.30

在表达式中"thisLayer, +1"指本图层下面的一个图层，因为在时间线窗口中每一个图层都有一个序号，序号越大的图层越在下面，所以在本图层序号上加一则对应本图层下面的图层；"Position.valueAtTime(time-0.2)"指某一时间点的位移参数的值。

7.3.2　Wiggle（摆动）表达式

用 Wiggle 表达式可以在指定范围内随机产生一个数字。与 random 表达式不同，Wiggle 表达式还可以指定数值变化的频率。

Step01 打开本书的配套资源文件 Wiggle.aep，如图 7.31 所示。

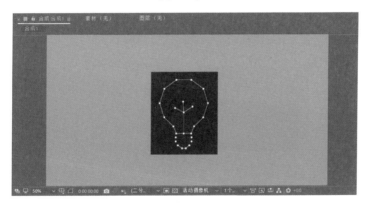

图 7.31

Step02 在时间线窗口中选择 LA 图层并按 P 键，展开位置参数，然后给位置参数添加表达式"wiggle(3.50)"，请注意大小写，如图 7.32 所示。

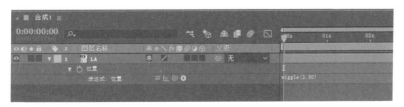

图 7.32

Step03 在合成窗口中预览动画，单击 按钮显示表达式动态线，如图 7.33 所示。在其中还可以输入新的数值来观察图层的变化，通过对位移旋转颜色运用 Wiggle 表达式，可以让图层的动画效果更加有活力。

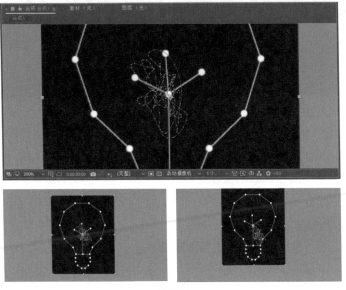

图 7.33

■ 7.3.3　将表达式动画转换成关键帧

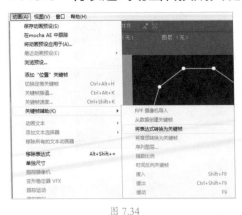

图 7.34

虽然表达式的功能很强大，但是用户有时必须用到关键帧动画。通过本例的介绍，希望大家能够对 AE 中的表达式有一定的了解，并初步体会它的功能。

Step01 继续在前面的项目中进行操作，在时间线窗口中选择图层的位置属性，然后选择"动画\关键帧辅助\将表达式转换为关键帧"命令（如图 7.34 所示），这样就将表达式转换成了关键帧，如图 7.35 所示。

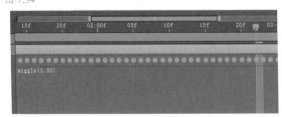

图 7.35

Step02 在按住 Alt 键的同时单击位置参数前的 ▤ 按钮，去除表达式（如图 7.36 所示），然后将位置参数开始和最后的几个关键帧删掉，如图 7.37 所示。

图 7.36

图 7.37

Step03 按 V 键调用选择工具，在合成窗口中将动画第 1 帧的方块移动到画面之外，在最后一帧也将方块移动到画面之外，然后建立两个位移的关键帧，如图 7.38 所示。

图 7.38

最终形成一个方块进入画面并在画面中抖动，然后离开画面的动画，如图 7.39 所示。

图 7.39

7.3.4 用声音来控制动画

在这个例子中将用声音的强弱来控制对象的缩放或移动。

Step01 建立一个新项目，在项目窗口中导入本书的配套资源文件 DJ.mp3。将 DJ.mp3 拖到 ▦ 按钮上建立一个合成，并修改合成的名字为 Music-Comp，如图 7.40 所示。

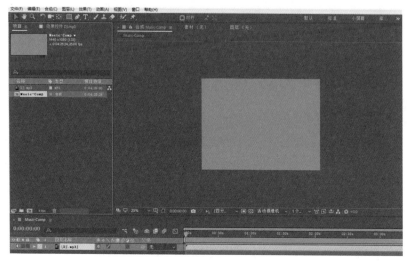

图 7.40

Step 02 在时间线窗口中选择 DJ.mp3 图层，然后选择"动画\关键帧辅助\将音频转换为关键帧"命令，这样即可将声音的强弱转换成关键帧，同时在时间线窗口中新添加一个音频振幅图层。选择该图层并按 U 键，展开图层的关键帧，可见该图层有 3 个属性建立了关键帧，如图 7.41 所示。

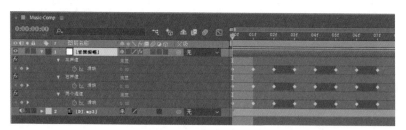

图 7.41

Step 03 单击 ◎ 按钮关闭音频振幅图层的显示，如图 7.42 所示。将 icon.psd 文件导入项目窗口，然后将两个图层分别放入时间线中，并将其命名为 layerA 和 layerB，如图 7.43 所示。

图 7.42

图 7.43

Step04 单击![按钮]按钮，分别将锚点放在人物图标的下方（如图 7.44 所示）和红色水滴形图标的上方，如图 7.45 所示。现在这两个图层的边缘都太大，单击![按钮]按钮，在图标的周围绘制蒙版（相当于将图标边缘都剪掉）。

图 7.44

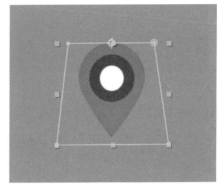

图 7.45

Step05 将人物图标移动到画面的最下方，将水滴形图标移动到画面的最上方，如图 7.46 所示。

Step06 在时间线窗口中选择 layerA 和 layerB 图层，然后按 S 键，展开图层的缩放参数，在两个图层的缩放参数中分别建立表达式，如图 7.47 所示。

Step07 在 layerA 图层的缩放表达式输入框中输入以下语句。

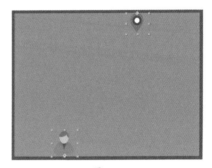

图 7.46

```
temp = thisComp.layer(" 音频振幅 ").effect(" 右声道 ")(" 滑块 ");
[temp*17,temp*17]
```

Step08 在 layerB 图层的缩放表达式输入框中输入以下语句，如图 7.48 所示。

```
temp = thisComp.layer(" 音频振幅 ").effect(" 左声道 ")(" 滑块 ");
[200, temp*15]
```

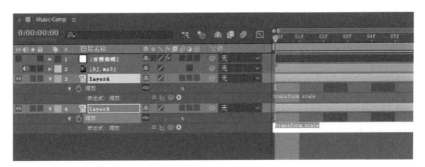

图 7.47

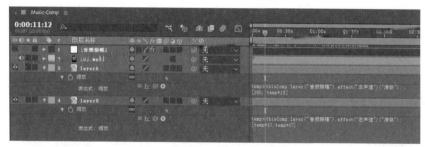

图 7.48

在最终的动画中，人物图标和水滴形图标都随着音乐跳动，如图 7.49 所示。

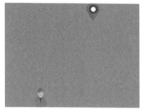  

图 7.49

7.4 在 AE 中实现 UI 动效缓动

加速运动和减速运动可以让动态增加一些变化。在 AE 中使用运动曲线可以让物体沿着路径运动，而整个路径动画的缓动则需要通过贝塞尔曲线来控制。

7.4.1 手机的 UI 动效制作

下面通过一组简单的 UI 动画案例学习 AE 强大的运动曲线调节功能。

Step01 启动 AE，按组合键 Ctrl+Alt+N 新建一个项目。双击项目窗口中的空白处，在弹出的"导入文件"对话框中选择本书的配套资源图片"运动曲线.psd"，单击"打开"按钮，然后在弹出的如图 7.50 所示的对话框中单击"确定"按钮，项目窗口如图 7.51 所示。

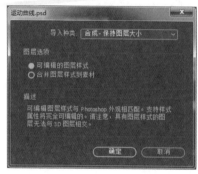 

图 7.50   图 7.51

Step02 双击"运动曲线"合成，将该文件导入时间线窗口，目前画面中有两个圆角红色方块。本例要制作的动画是上面的方块缓慢放大，移动到窗口的中部，下面的方块变红并向上移动，填补上面方块的位置，如图 7.52 所示。

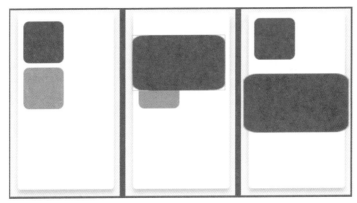

图 7.52

Step03 制作上方块的动画。选择"上方块"图层，移动时间指针到第 0 秒，然后分别激活"位置"和"缩放"左边的 按钮，打开关键帧记录功能，如图 7.53 所示。

图 7.53

Step04 移动时间指针到第 1 秒，移动上方块到画面的中间，如图 7.54 所示，并放大其尺寸，如图 7.55 所示。单击工具栏中的"转换顶点"按钮 ，拖动路径两端的贝塞尔手柄，将直线路径改成弧线路径，如图 7.56 所示。

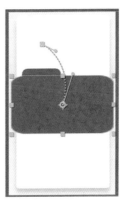

图 7.54　　　　　　　　图 7.55　　　　　　　　图 7.56

图 7.57

Step05 制作下方块的动画。选择 "下方块"图层,移动时间揩针到第 0 秒,然后分别激活 "位置" 和 "不透明度"左边的 按钮,设置 "不透明度" 为50%,打开关键帧记录功能,如图 7.57所示。

Step06 移动时间指针到第 1 秒,分别单击 "位置" 和 "不透明度" 左边的 按钮,添加关键帧,如图 7.58 所示。移动时间指针到第 2 秒,移动方块到上方块的位置,并设置 "不透明度" 为 100,如图 7.59 所示。至此,两秒钟的动画制作完成。

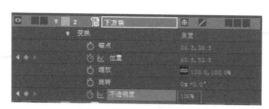

图 7.58

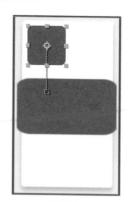

图 7.59

7.4.2 UI 动效缓动曲线的调整

目前的动画还只是比较生硬的动态,需要将整个动画连接得更加舒缓。

Step01 组合按 Ctrl+A 键选中所有物体,按 U 键将所有做过动画的图层显示出来,用鼠标在时间线窗口中框选这些关键帧,然后右击选择 "关键帧辅助\缓动" 命令(按 F9键可以直接执行缓动操作)。此时时间线上的所有关键帧都变成了漏斗造型 ,动画就制作完成了,播放动画,会发现动态比刚才连接得柔和多了,如图 7.60 所示。

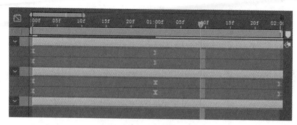

图 7.60

Step02 选择上方块的位置参数,单击 按钮,显示图表编辑器,如图 7.61 所示,在这里可以调整动画的平顺度。选择左边的贝塞尔手柄向右拖动,将曲线调整成如图 7.62所示的效果。

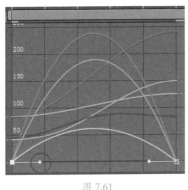 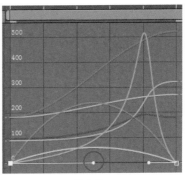

图 7.61　　　　　　　　　　　　　　图 7.62

Step03 放大显示"上方块"图层，可以发现在调整运动曲线的时候，动画曲线上的节点从均匀变成了不同的间距，如图 7.63 所示，这些间距代表了时间的加速度。在合成窗口中选择"下方块"，图表编辑器中显示出该图层的运动曲线，选择与位置参数相对应的紫色曲线（不同颜色的曲线和不同的参数相对应，这让用户容易选择），向左拖动右边的贝塞尔手柄，让方块加速运动，如图 7.64 所示。

 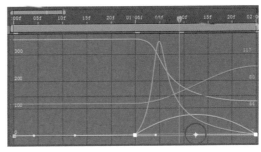

图 7.63　　　　　　　　　　　　　　图 7.64

Step04 播放动画会发现有两种不同速度的位移动画，一种是上方块的减速位移并放大，一种是下方块的加速位移并改变透明度。缓动动画虽然是一种比较简单的动画，但是对于 UI 动效来讲必不可少。

7.5　UI 动效高级实践

下面制作 UI 动效，用不同元素和不同用途来制作几个典型的 UI 动效实例。

7.5.1　闹铃抖动 UI 动效的制作

本实例制作闹钟图标，闹钟以椭圆为基本形状，运用椭圆的减法运算，再配以时针、底座等完成效果，最后用抖动表达式制作图标抖动的效果。

Step01 启动 Photoshop 软件，选择"文件 \ 新建"命令，创建宽度为 567 像素、高度

Photoshop+AE UI 动效设计从新手到高手

为 425 像素、分辨率为 300 像素 / 英寸的文档。按组合键 Ctrl+R，打开标尺工具，拉出辅助线，如图 7.65 所示。

Step02 选择椭圆工具，设置颜色为绿色，在中心点的位置按住组合键 Shift+Alt 拖曳鼠标绘制正圆，如图 7.66 所示。在选项栏中选择"减去顶层形状"选项，在中心点的位置按住组合键 Shift+Alt 绘制同心圆，如图 7.67 所示。

Step03 绘制分针和时针。闹钟是分时针和分针的，时针和分针最好是相同像素宽，这样整体看起来比较协调。选择矩形工具，绘制分针，如图 7.68 所示。在选项栏中选择"合并形状"选项，在正圆中绘制时针，如图 7.69 所示。

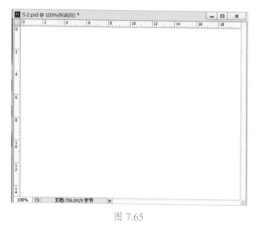
图 7.65

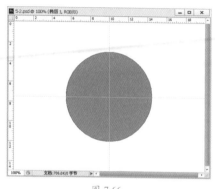
图 7.66

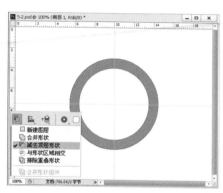
图 7.67

图 7.68

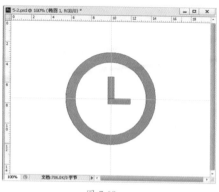
图 7.69

Step04 绘制两个铃铛。铃铛的形状不是很规则的圆形，那么该怎样控制路径呢？选择椭圆工具，在选项栏中选择"新建图层"选项（如图 7.70 所示），在图像上绘制椭圆形状，如图 7.71 所示，然后选择直接选择工具，稍微调整锚点绘制出铃铛的形状。

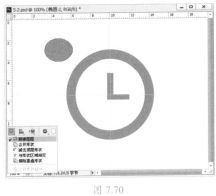

图 7.70

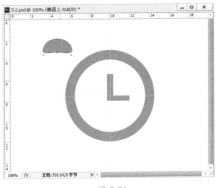

图 7.71

Step 05 按组合键 Ctrl+T，旋转角度，如图 7.72 所示，然后按 Enter 键确认，如图 7.73 所示。

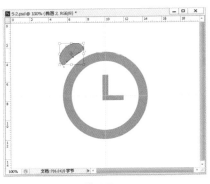

图 7.72

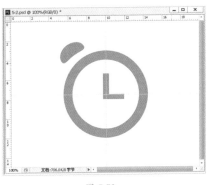

图 7.73

Step 06 将该图层复制，按组合键 Ctrl+T，在控制框内右击，选择"水平翻转"命令，如图 7.74 所示，按 Enter 键确认，然后选择移动工具，按住 Shift 键水平移动铃铛的位置，如图 7.75 所示。因为这一步涉及变形和翻转，所以大家在绘制的时候一定要用矢量路径工具，如果是位图，在变形后会失真。

图 7.74

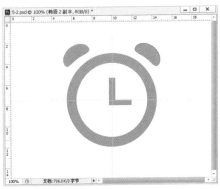

图 7.75

Step 07 使用椭圆工具绘制支脚，使用直接选择工具改变形状，如图 7.76 所示。使用同样的方法对其进行旋转、复制、移动等操作，完成闹钟图形的制作，如图 7.77 所示。

图 7.76   图 7.77

Step 08 将闹钟两边的闹铃分层为"左耳"和"右耳"，将闹钟的其他部位合并为一层，如图 7.78 所示，然后将该文件保存为"闹钟.psd"。下面制作动画，启动 AE，按组合键 Ctrl+Alt+N，新建一个项目。双击项目窗口中的空白处，在弹出的"导入文件"对话框中打开本书的配套资源图片"闹钟.psd"，单击"打开"按钮，弹出如图 7.79 所示的对话框，单击"确定"按钮。

图 7.78   图 7.79

Step 09 双击"闹钟"合成，将该文件导入时间线窗口，目前画面中除了背景图层以外还有 3 个图层，代表闹钟的 3 个部分，接下来要制作闹钟的抖动动画，其中两个闹铃抖动的幅度最大，闹钟身体抖动的幅度小一些。

Step 10 选择除了背景图层以外的其他 3 个图层，按 P 键打开它们的位置参数，在按住 Alt 键的同时分别单击位置参数左边的按钮，给 3 个图层分别添加表达式，如图 7.80 所示。

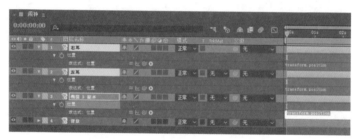

图 7.80

Step 11 在表达式 wiggle(x,y) 中，x 表示频率，即 1 秒钟抖动多少次；y 表示抖动的幅度。设置左耳和右耳的抖动幅度大一些（设置为 5），闹钟身体的抖动幅度小一些（设置为 2），它们的抖动频率都为 20（即每秒钟抖动 20 次），如图 7.81 所示。

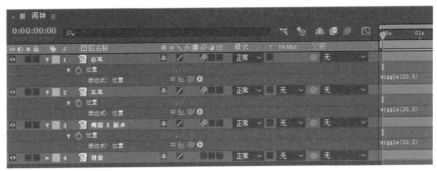

图 7.81

Step 12 按空格键播放动画，将看到闹钟抖动的效果，闹钟不同部位的抖动效果不同。

7.5.2　圆形旋转进度条 UI 动效的制作

在本例中将学会制作简单的进度条，通过使用钢笔工具、椭圆选框工具、横排文字工具以及图层样式工具等快速制作美观的加载界面。

Step 01 选择"文件\新建"命令，创建宽度为 874 像素、高度为 653 像素的文档，然后设置前景色的颜色，如图 7.82 所示，为背景填充前景色，如图 7.83 所示，并将"背景"图层解锁，如图 7.84 所示。

图 7.82　　　　　　　　　　　图 7.83　　　　　　　　　　　图 7.84

Step 02 按组合键 Ctrl+R，打开标尺工具，拉出水平线和垂直线，然后选择钢笔工具，在图像上建立锚点，绘制形状，如图 7.85 所示。

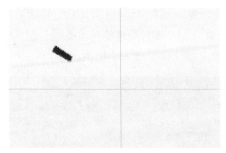
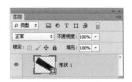

图 7.85

Step 03 复制"形状 1"图层，得到"形状 1 副本"图层，然后按组合键 Ctrl+T 自由变换，旋转角度，并移动中心点到标尺的中央位置，如图 7.86 所示。

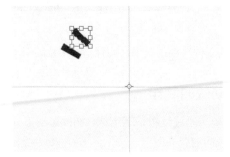

图 7.86

Step 04 进行旋转复制。将中心点的位置移动后按 Enter 键确认，然后按组合键 Ctrl+Alt+Shift+T，对该形状进行旋转复制，完成后将图层进行合并，如图 7.87 所示。

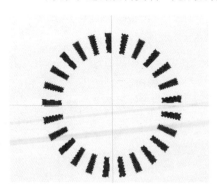

图 7.87

Step 05 在对图像进行变换操作后，通过"编辑 \ 变换 \ 再次"命令再一次对其应用相同的变换。如果按组合键 Alt+Shift+Ctrl+T，不仅会变换图像，还会复制出新的图像内容。

Step 06 为形状添加颜色。双击该图层，打开"图层样式"对话框，选择"渐变叠加"选项，设置其参数，如图 7.88 所示，然后绘制加载进度，如图 7.89 所示。

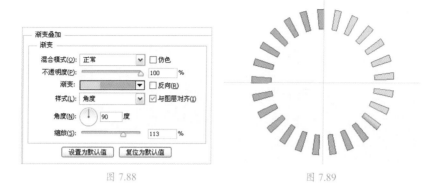

图 7.88　　　　　　　　　　　　　　　　　　　图 7.89

Step07 选择"椭圆选框工具",在参考线交接的地方单击并按住组合键 Alt+Shift 绘制正圆,如图 7.90 所示,"图层"面板会将做好的图层分成 3 个部分,分别为背景、进度和圆盘,如图 7.91 所示。下面输入文字,选择"横排文字工具",输入文字(这里仅输入百分比符号,数字将在 AE 中做动画时输入),如图 7.92 所示。

图 7.90　　　　　　　　　图 7.91　　　　　　　　　图 7.92

Step08 启动 AE,新建一个项目。导入"进度条.psd",双击"进度条"合成,将该文件导入时间线窗口。先制作进度条动画,选择"进度"图层,按 R 键打开旋转参数,在第 0 秒处单击左边的 ⏱ 按钮,打开关键帧记录功能。移动时间指针到第 5 秒,设置旋转参数为 5x(旋转 5 周),如图 7.93 所示。

图 7.93

Step09 单击工具栏中的 T 按钮,输入数字 00,并将其移动到百分比的左边,如图 7.94 所示,然后在"字符"面板中设置文字为白色,如图 7.95 所示。

图 7.94   图 7.95

Step 10 在时间线窗口中单击文本的 ▶ 按钮，选择"字符位移"选项，给文字添加位移动画，如图 7.96 所示。单击"字符位移"参数左边的 ○ 按钮，添加表达式，如图 7.97 所示，然后在表达式输入框中输入 wiggle(1,100)，其中 1 代表变化的幅度，100 为变化的频率。

图 7.96

图 7.97

Step 11 播放动画，可以看到数字在随着进度条的旋转变化，如图 7.98 所示。实现数字变化的表达式非常多，这里介绍的是一种随机变化的表达式，还有按时间和旋转角度变化的方式，由于篇幅原因，这里不再赘述。

图 7.98

第 8 章

UI 字幕特效制作

用户不仅可以将字符单词指定为动画元素，而且可以针对文字的字体大小、间距、行距等属性设置动画。在本章中将对创建文字图层、制作路径文字以及设置文字动画进行介绍。

■ 8.1 创建文字图层

创建文字图层有多种方式，其中创建的文字可以是段落文本，也可以是艺术文本；排列的方式可以是横向排列，也可以是纵向排列。用户可以根据需要采取不同的方式，或者在不同的方式中进行转换。

▌8.1.1 创建一个文字图层

在选择合成窗口或者时间线窗口时，选择"图层\新建\文本"命令，可以创建文字图层。在时间线窗口中右击，在弹出的快捷菜单中选择"新建\文本"命令，也可以创建文字图层，如图 8.1 所示。当然，最快捷的创建方式是按组合键 Ctrl+Shift+Alt+T。

图 8.1

在文字图层建立后，当前的工具自动变成文字工具，在合成窗口中输入文字，如图 8.2 所示。在时间线窗口或者合成窗口中选择文字图层后，可以对图层中的文字进行整体调节。双击文字图层，将选中文字图层的所有文字，文字呈高亮显示状态，并且当前工具转换成文字工具，之后可以对文字图层的内容进行修改。在"段落"面板中可以对文字进行编辑，如图 8.3 所示。

图 8.2

图 8.3

▌8.1.2 用文字工具添加文字图层

选择工具栏中的█工具，直接在合成窗口中单击，然后在其中输入文字，在输入文字的同时也建立了文字图层。在输入文字的过程中，将文字工具移动到文字之外，文字工具会转换成选取工具，这时按住鼠标左键拖动就可以移动文字，将光标移动到输入符号处，工具还原成文字工具。另外，不移动文字工具，直接按 Ctrl 键，可以暂时将工具转换为选取工具。

如果要结束文字的输入，可以按数字小键盘上的 Enter 键，或者将光标移到合成窗口以外单击。注意不要按大键盘上的 Enter 键，否则不会结束文字的输入，而是输入了一个换行符。

在输入完文字之后，程序将自动以输入的文字给图层命名。当然，用户也可以和对其他图层一样，修改文字图层的名字，文字图层的内容不会因图层名字的改变而变化。

▌8.1.3 文字的竖排和横排

在工具栏中按住█不放会弹出相应的菜单，其中包括横排文字工具和直排文字工具，这两个工具分别用来创建横排和竖排的文字。虽然文字在最初输入时就确定了是竖排还是横排，但是在输入完成后还可以相互转换排列方式。

图 8.4

Step01 在时间线窗口中选择需要竖排的文字图层，或者使用▶工具在合成窗口中选择需要转换排列方式的文字，如图 8.4 所示。

Step02 选择█工具，确保文字图层不处于输入状态。在合成窗口中的空白处右击，在弹出的快捷菜单中选择"水平"命令，此时竖排文字转变成横排文字。采用同样的方法，也可以将横排文字转变成竖排文字，如图 8.5 所示。

Step03 在工具栏中选择█工具，在合成窗口中单击，然后输入文字"影视风云 2028"。在画面上可以看到，虽然采用了竖排文字方式，但其中的数字排列不符合人们的习惯，如图 8.6 所示。

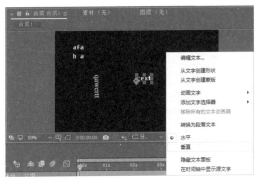

图 8.5　　　　　　　　　　　　　　　　　　图 8.6

Step 04 用文字工具选择文字图层中的"2028"几个数字，在"字符"面板中单击右上角的 ≡ 按钮，在出现的菜单中选择"标准垂直罗马对齐方式"命令，如图 8.7 所示。

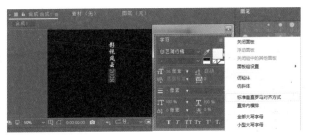

图 8.7

Step 05 此时文字已经变成了单个竖排，如图 8.8 所示。如果在"字符"面板的菜单中选择"直排内横排"命令，数字将以另一种方式排列，整组数字变成了横排，如图 8.9 和图 8.10 所示。

图 8.8　　　　　　　　　　　　　　　　　　图 8.9

图 8.10

Step 06 在使用文字工具输入文字时，按住鼠标左键拖动，可以拖出一个文本框，如图8.11 所示。在文本框中输入文字，此时输入的就是段落文本，如图 8.12 所示。

图 8.11   图 8.12

Step 07 和艺术文本不同，段落文本四周的文本框限制了书写文字的区域，并且文字还会自动换行。如果文本的内容超出了文本框可容纳的大小，在文本框右下角的方框中会用加号显示，如图 8.13 所示。用户可以拖动文本框下方的操控手柄来扩大文本框的范围，以便显示所有的文本。若右下角方框中的加号消失，说明显示出了文本中的全部内容，如图 8.14 所示。

图 8.13   图 8.14

Step 08 在不同的情况下可以选择采用艺术文本或段落文本，它们之间也可以相互转换。在"字符"面板中设置文字的字体、大小和颜色，用文字工具在窗口中拖出一个文本框，在其中输入一段文字，然后按数字小键盘上的 Enter 键结束输入。

Step 09 按 V 键调用选取工具，在合成窗口中选择文字图层，或者在时间线窗口中选择文字图层。

Step 10 按组合键 Ctrl+T 调用文字工具，确保文字图层不处于输入状态，在合成窗口中右击，在弹出的快捷菜单中选择"转换为点文本"命令，如图 8.15 所示，这样就将段落文本转换成艺术文本。如果要将艺术文本转换成段落文本，可以再次右击，在弹出的快捷菜单中选择"转换为段落文本"命令，如图 8.16 所示。

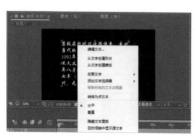

图 8.15   图 8.16

■ 8.2　创建文字动画

文字动画在 MG 动效领域应用广泛，通过本节的介绍，读者可以领略到 AE 文字图层的强大功能，还可以了解如何运用动画组和选择器创建丰富多彩的文字动画。

▋8.2.1　车身文字动画

本例主要练习使用 AE 在文字格式化及动画方面的功能，并通过对范围选择器设置关键帧来实现车身文字飞入的动画效果。

Step 01 启动 AE，选择"合成\新建合成"命令，新建一个合成，并命名为"飞来文字"，如图 8.17 所示。导入本书的素材文件 text-1.jpg，将其拖动到时间线窗口，如图 8.18 所示。

图 8.17　　　　　　　　　　　　　　　图 8.18

Step 02 选择工具栏中的 T 工具，在合成窗口中单击并输入文字"FREE"，在"字符"面板中设置参数，如图 8.19 所示，此时合成窗口中的效果如图 8.20 所示。

图 8.19　　　　　　　　　　　　　　　图 8.20

Step03 在时间线窗口中展开文字图层的属性，单击动画制作工具 1 右侧的 ▶ 按钮，在弹出的菜单中选择"属性\位置"命令，为文字图层添加位置动画，并设置位置参数，如图 8.21 所示。

图 8.21

Step04 展开动画制作工具 1 下面的范围选择器 1 属性，并为起始属性设置关键帧。在时间 0:00:00:00 处设置关键帧，在时间 0:00:02:20 处设置关键帧，如图 8.22 所示。此时按数字小键盘上的 0 键预览合成窗口中的效果，如图 8.23 所示。

图 8.22

图 8.23

图 8.24

Step05 单击动画制作工具 1 右侧的 ▶ 按钮，在弹出的菜单中选择"属性\缩放"命令，如图 8.24 所示，为文字添加缩放动画。同样单击动画制作工具 1 右侧的 ▶ 按钮，在弹出的菜单中选择"属性\旋转"命令，为文字添加旋转动画。然后为缩放和旋转设置

194

参数。单击时间线窗口中的按钮，将运动模糊打开，同时将图层的◎选中，如图 8.25
所示。

图 8.25

Step06 按数字小键盘上的 0 键进行预览，观看合成窗口中的效果，如图 8.26 所示。

图 8.26

8.2.2 文字特性动画

在建立动画组时已经加入了指定的特性，可以让文字产生活力。例如选择文字图层，
然后选择"动画 \ 动画文本 \ 填充颜色 \RGB"命令，建立动画组，在时间线窗口中可以
看到填充颜色的特性已经在动画组中了。

Step01 启动 AE，选择"合成 \ 新建合成"命令，新建一个合成，并命名为"Offset"，
如图 8.27 所示。单击"背景颜色"区域中的色块，在弹出的"背景颜色"对话框中设置
合成的背景颜色为黑色，如图 8.28 所示。

图 8.27

图 8.28

Step 02 按组合键 Ctrl+T 调用文字工具，在合成窗口中任意输入一个有小数点的数字，建立文字图层，并将图层命名为"Offset"，如图 8.29 所示。

图 8.29

Step 03 确保文字图层处于选中状态，在"字符"面板中设置文字的字体为 Digital Readout、大小为 50、颜色为红色，然后将文字移动到合适的位置，如图 8.30 所示。

图 8.30

Step 04 在时间线窗口中展开 Offset 图层的属性，然后在该图层的"动画"菜单中选择"字符位移"命令，给图层添加动画组，结果在 Offset 图层中创建了一个名为 Animator 1 的动画组，其中包含字符位移特性和选择器 Range Selector 1，如图 8.31 所示。

Step 05 将字符位移设置为 45，观察画面中数字发生的变化，发现小数点变成了其他的符号。在合成窗口中拖动选择器右边的操控手柄，将其移动到小数点之前，如图 8.32 所示。

图 8.31

图 8.32

Step 06 在动画组 Animator 1 的"添加"菜单中选择"选择器\范围"命令，建立另一个选择器，然后在合成窗口中将选择器左边的操控手柄移动到小数点之后，这样小数点就不会发生变化了。在动画组 Animator 1 的"添加"菜单中选择"选择器\摆动"命令，添加一个 Wiggly Selector 1 选择器，如图 8.33 所示。预览动画，可见数字会产生变化。展开 Wiggly Selector 1 的参数进行调节，设置摆动属性，如图 8.34 所示。

图 8.33　　　　　　　　　　　　　　　　　　图 8.34

Step 07 选择文字图层，然后选择"效果\风格化\发光"命令，给文字添加一点辉光，并在效果控制面板中调整参数，如图 8.35 所示。

图 8.35

Step 08 按数字小键盘上的 0 键预览动画，如图 8.36 所示。

图 8.36

8.2.3　选择器的高级设置

在时间线窗口中展开 Range Selector 1 选择器的属性，可以看到有一项为"高级"，展开高级属性，其中包含了很多参数，如图 8.37 所示。

单位：确定在指定选择器的起点、终点和偏移时所采用的计算方式。在其下拉列表中可以选择"百分比"或"索引"方式，如图 8.38 所示。

图 8.37

图 8.38

依据：在其下拉列表中确定将文本中的"字符""不包括字符的空格""词"或"行"作为一个单位计算。例如设置选择器的"起始"参数为 0，"结束"参数为 2，并且将"单位"设置为"索引"、"依据"设置为"词"，那么选择器选择的是文本中的前两个单词。如果将"依据"设置为"字符"，那么选择的将是前两个字符。

模式：在其下拉列表中选择选择器和其他选择器之间采取的合成模式，主要是一些类似遮罩的合成模式，例如相加、相减、相交、最小、最大和相反。如果在动画组中只有一个选择器，选择了最前面的两个字符并把它们放大，合成模式选择"相减"，则会反转选择的范围，在画面中除了被选择的前两个字符以外，其他的字符都被放大。

数量：确定动画组中的特性对选择器中字符的影响。如果设置为 0%，动画组中的特性将不会对选择器产生影响；如果设置为 50%，特性的作用将有一半在选择器中显现。

形状：在其下拉列表中确定被选字符和未被选字符之间以什么样的形式过渡。

平滑度：指定动画从一个字符到下一个字符所需要的过渡效果。

缓和高 / 缓和低：确定选择项从完全包含（缓和高）更改为完全排除（缓和低）时的变化速度。

随机排序：设置为"开"状态，可以打乱动画组中特性的作用范围。

8.2.4 文字动画预设

在 AE 中提供了大量的动画预设。

Step 01 在 AE 中选择"窗口\效果和预设"命令，打开"效果和预设"面板，如图 8.39 所示。单击"动画预设"左侧的小三角形将其展开，在面板上部的文本框中输入"文字"，按 Enter 键，在该面板中会列出与文字相关的预设，如图 8.40 所示。

图 8.39　　　　　　　　　　　　　　　图 8.40

Step 02 单击文件夹左侧的小三角形可以关闭文件夹。这些预设根据类型放置在不同的文件夹中，如图 8.41 所示。

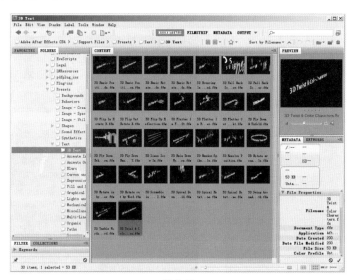

图 8.41

Step 03 继续前面的例子，在时间线窗口中展开 Offset 图层，删除 Animator 1 和效果图层，如图 8.42 所示。此时文字图层的动画和效果都会消失，下面使用预设动画制作动画效果。

Step 04 选择"窗口＼效果和预设"命令，

图 8.42

打开"效果和预设"面板，单击"动画预设"左侧的小三角形将其展开。在面板上部的文本框中输入"文字"，按 Enter 键在面板中列出和文字相关的预设，选择"回落混杂和模糊"预设，字节自动产生了动画，如图 8.43 和图 8.44 所示。

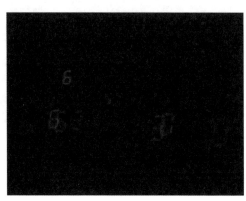

图 8.43   图 8.44

Step05 选择"向下盘旋和展开"预设，试着应用更多的预设，并在图层中修改参数，如图 8.45 所示。用户可以利用这些动画预设制作想要的效果，如图 8.46 所示，前提是要熟悉这些预设效果。

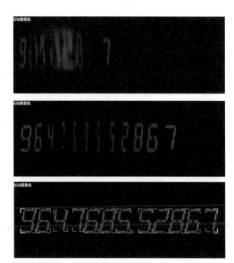

图 8.45   图 8.46

剪辑和转场是对所拍摄的镜头进行分割、取舍和组建，并将零散的片段拼接为一个有节奏、有故事感的作品。对视频素材进行剪辑是确定影片内容的重要操作，需要用户熟练掌握素材剪辑的技术和技巧，下面详细讲解素材剪辑的各项操作。

■ 9.1 认识转场

剪辑是动态图形制作中的一个关键步骤，那么如何将剪辑后的各段动画进行衔接呢？本章主要介绍不同镜头的切换和画面的衔接方法。通过实例讲解 AE 的转场特效，并且介绍在实际应用中各种镜头转场的制作技巧以及图层之间重叠的画面过渡。

影视创作的剪辑是由影视作品的内容所决定的，影视中一个镜头到下一个镜头、一场画面到下一场画面之间必须根据内容合理、清晰、艺术地剪辑在一起，这就是人们所说的镜头段落的过渡，也是专业术语"转场"。

转场是两个相邻视频素材之间的过渡方式。使用转场，可以使镜头衔接得美观、自然。在默认状态下，两个相邻素材片段进行转换采用的是硬切的方式，没有任何过渡，如图 9.1 所示。

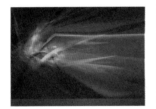

图 9.1

在这种情况下要使镜头连贯流畅、创造效果、创造新的时空关系，需要对其添加转场特效，如图 9.2 所示。

图 9.2

转场通常为双边转场，将相邻编辑点的两个视频或音频素材的端点进行合并。除此之外还可以进行单边转场，转场效果将影响素材片段的开头或结尾。使用单边转场可以更灵活地控制转场效果。

■ 9.2 快速模糊转场

本例的制作主要以把握动画的时间为主，利用"序列图层"命令控制图层之间的重叠时间。在记录各属性的关键帧时，参数之间的变化不应太大，以产生轻柔的动感画面。读者还可以为自己的电子相册添加一段美妙的背景音乐，以使相册更具欣赏性，如图 9.3 所示。

图 9.3

Step 01 启动 AE，选择"合成\新建合成"命令，新建一个合成。选择"文件\导入\文件"命令，导入本书的配套素材文件 a.jpg、b.jpg、c.jpg、d.jpg、e.jpg 和 f.jpg，如图 9.4 所示，并将它们拖入时间线窗口中，如图 9.5 所示。

图 9.4   图 9.5

Step 02 选中 a.jpg 图层，按 S 键展开 a.jpg 图层的缩放属性列表，单击 ⌀ 按钮为缩放记录关键帧。在时间 0:00:00:00 处设置缩放的值为 70%，在时间 0:00:03:24 处设置缩放的值为 75%，如图 9.6 所示。

图 9.6

Step 03 选中 a.jpg 图层，选择"效果\过时\快速模糊"命令，为其添加快速模糊滤镜，并在效果控件窗口中调整参数，如图 9.7 所示。

图 9.7

Step 04 在时间线窗口中展开快速模糊滤镜，单击模糊度左侧的 按钮，为模糊度记录关键帧。在时间 0:00:00:00 处设置其参数值为 25，在时间 0:00:01:00 处设置其参数值为 0，如图 9.8 所示。

图 9.8

Step 05 选中 a.jpg 图层，按 T 键展开图层的不透明度属性列表，为其"不透明度"属性记录关键帧。在时间 0:00:03:08 处设置其参数值为 100%，在时间 0:00:03:24 处设置其参数值为 0%。

Step 06 在时间线窗口中选择快速模糊、缩放和不透明度属性，然后选择"编辑\复制"命令进行复制。选中其余图层，然后选择"编辑\粘贴"命令进行粘贴，将 b.jpg 层的快速模糊、缩放和不透明度属性复制给其他图层。在时间线窗口中选中所有图层，然后选择"动画\关键帧辅助\序列图层"命令，在弹出的对话框中设置参数，如图 9.9 所示。此时的时间线窗口如图 9.10 所示。

图 9.9

图 9.10

Step07 选中 a.jpg 图层，选择"效果\过时\快速模糊"命令，为其添加快速模糊滤镜，并在效果控件窗口中调整参数，如图 9.11 所示。

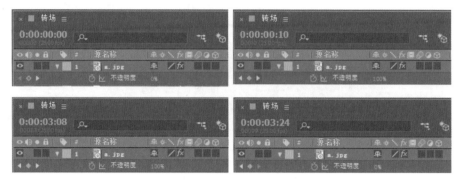

图 9.11

Step08 按数字小键盘上的 0 键预览效果，如图 9.12 所示。

图 9.12

■ 9.3 刷墙过渡转场

本例的制作主要以复合模糊滤镜读取"刷墙过渡.mov"图层的信息为主，使画面产生刷墙过渡的转场动画。

Step01 新建合成，如图 9.13 所示，然后将项目窗口中的"刷墙过渡.mov"和"海报.jpg"拖入"刷墙转场"合成的时间线窗口中，将"刷墙过渡.mov"放在下层，并将其图层的显示属性关掉，如图 9.14 所示。

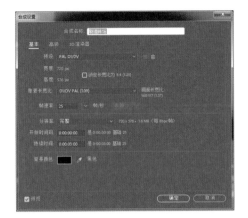

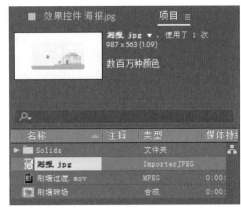

图 9.13 图 9.14

Step 02 选中"海报.jpg"图层，选择"效果\颜色校正\曲线"命令，为其添加曲线滤镜，并在效果控件窗口中调整曲线的形状，如图9.15所示。

Step 03 选择"效果\模糊和锐化\复合模糊"命令，为其添加复合模糊滤镜，并在效果控件窗口中调整参数，如图9.16所示。按数字小键盘上的0键预览效果，如图9.17所示。

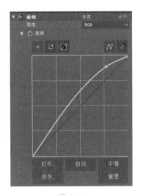

图 9.15

图 9.16

图 9.17

■ 9.4 条形转场

本例以制作条形动画为主，利用渐变擦除滤镜读取条形动画的黑白信息，然后通过为其属性记录关键帧完成转场动画的制作。

Step01 启动 AE，选择"合成\新建合成"命令，新建一个合成，命名为"线"，如图 9.18 所示。选择"图层\新建\纯色"命令，新建一个纯色图层，命名为"line"，如图 9.19 所示。

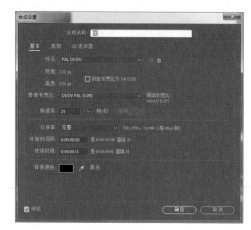 

图 9.18 图 9.19

Step02 选中 line 图层，选择"效果\生成\单元格图案"命令，为其添加单元格图案滤镜，然后在效果控件窗口中调整参数。为单元格图案滤镜的"演化"属性记录关键帧，在时间 0:00:00:00 处和 0:00:04:12 处分别设置参数，如图 9.20 所示。

图 9.20

图 9.21

Step03 选中 line 图层，选择"效果\颜色校正\亮度和对比度"命令，为 line 图层添加亮度和对比度滤镜，如图 9.21 所示。

Step04 为亮度和对比度滤镜下的"对比度"属性记录关键帧，在时间 00:00:00:0 处、0:00:00:05 处、0:00:00:12 处和 0:00:04:12 处分别设置参数，如图 9.22 所示。

Step05 按数字小键盘上的 0 键预览效果，如图 9.23 所示。

图 9.22

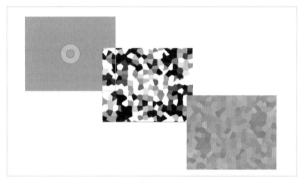

图 9.23

Step06 选中 line 图层，选择"效果\风格化\马赛克"命令，为其添加马赛克滤镜，然后在效果控件窗口中调整参数。选择"效果\模糊和锐化\高斯模糊"命令，为其添加高斯模糊滤镜，然后在效果控件窗口中调整参数，如图 9.24 所示。

图 9.24

Step07 选中 line 图层，选择"效果\颜色校正\色光"命令，为其添加色光滤镜，然后在效果控件窗口中调整参数，如图 9.25 所示。

图 9.25

Step 08 选择"合成 \ 新建合成"命令,新建一个合成,命名为"线条"。将项目窗口中的"线"拖动到"条形转场"合成的时间线窗口中,然后在项目窗口中双击导入本书的配套资源文件"MG 动画 -2.mp4"。将"MG 动画 -2.mp4"从项目窗口拖动到时间线窗口中并放置在上层,设置图层的叠加模式为"相加",如图 9.26 所示。此时的合成效果如图 9.27 所示。

图 9.26

图 9.27

Step 09 选中"MG 动画 -2.mp4"图层,选择"效果 \ 过渡 \ 渐变擦除"命令,为其添加渐变擦除滤镜,然后在效果控件窗口中调整参数。为渐变擦除滤镜下的"过渡完成"属性记录关键帧,在时间 0:00:00:00 处和 0:00:03:19 处分别设置参数,如图 9.28 所示。

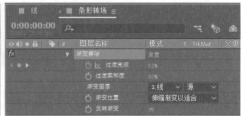

图 9.28

Step 10 按数字小键盘上的 0 键预览最终效果，如图 9.29 所示。

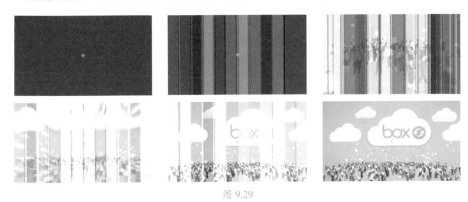

图 9.29

■ 9.5　卡片擦除转场

本例主要以应用卡片擦除滤镜为主，通过为其属性记录关键帧完成转场动画的制作。在本例中通过卡片擦除滤镜将画面分割成片状区域，然后为"过渡完成""卡片缩放"和"随机植入"属性记录关键帧实现转场动画。

Step 01 启动 AE，选择"合成\新建合成"命令，新建一个合成，命名为"马赛克"。在项目窗口中双击导入本书的配套资源文件"b.jpg"，将其拖放到时间线窗口中。选中"b.jpg"图层，选择"效果\过渡\卡片擦除"命令，为其添加卡片擦除滤镜，然后在效果控件窗口中调整参数，如图 9.30 所示。

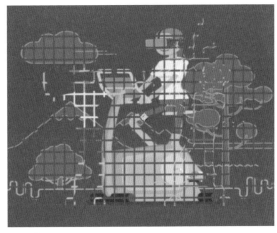

图 9.30

Step 02 为卡片擦除滤镜的属性记录关键帧，在时间 0:00:00:06 处、0:00:01:00 处和 0:00:01:22 处分别设置参数，如图 9.31 所示。

图 9.31

Step 03 导入本书的配套资源文件"f.jpg",将其拖放到时间线窗口中并放置在底层。按数字小键盘上的 0 键预览最终效果,如图 9.32 所示。

图 9.32